「Scratch」は MIT メディアラボが開発しているプログラミング言語です。
本書の内容は、執筆時点での情報をもとに書かれています。
個々のプログラム・ソフトウェアのアップデート状況や、使用者の環境によって、本書の記載と異なる場合があります。
本書に記載されている URL、サイトの画面構成は本書執筆後に変更される場合があります。
本書に記載されている商品名、会社名等は、それぞれの帰属者の所有物です。
なお、本文中では「TM」「Ⓡ」マークを表記しておりません。

はじめに

Scratchをはじめよう

ふだん、みなさんが遊んでいるゲームが「プログラム」でできている、
というのを聞いたことがある人は多いと思います。
でも「プログラム」って何だろう？　と思う人のほうが多いと思います。
「プログラム」が作れるとじぶんでゲームが作れるの？
どうやって「プログラム」を作るのだろう？
そんなみなさんの「？」を「！」に変える、最初の1歩になるのが
「Scratch（スクラッチ）」。
まずはScratchをみなさんが使えるようにする準備と方法、
そして簡単な使い方をお話していきます。

プログラム、と聞いて最初に何が思いうかびましたか？
「運動会のプログラム」がうかんだ人もいるのではないでしょうか？
プログラムとは、「手順」や「順番」のことをいいます。
運動会のプログラムも「どの種目を」「どの順番で」ということが書かれていますよね。
テレビゲームなどのプログラムとは
ゲームマシン（コンピュータ）に「この順番でゲームを進めてください」という命令を
コンピュータにわかる言葉で書いたものです。
コンピュータにわかる言葉、それが「プログラミング言語」とよばれます。
人間が話す言葉のようにたくさんの種類があって、使えるようになるまでに
たくさん勉強しないといけないものもあります。
Scratchもプログラミング言語のひとつ。
ですが、みなさんがふだん使っている「にほんご」で命令することできますよ！
うまく命令を組み合わせて、自分が作りたいものを作るのが「プログラミング」。
この本ではScratchを使ってプログラミングをするための使い方のお話と、
みなさんが「自分の作品を作る」ことができるようになるためのお手伝いをしていきます。

もくじ

はじめに 002
誌面の説明を動画で確認しよう！ 006
プログラムやイラストをダウンロード 008

1 Scratchって何だろう？ 010

1-1 Scracthに登録しよう 013
1-2 Scratchの使い方 016

2 動くお誕生日カードを作ろう 024

2-1 「背景」を用意しよう 027
2-2 「スプライト」を入れてみよう 030
2-3 「ブロック」を動かそう 032
2-4 「コスチューム」って何だろう？ 037
2-5 同時にコードを動かそう 043
2-6 拡張機能を使ってみよう 045

3 自分だけのアニメを作ろう 052

3-1 素材を用意しよう 055
3-2 「歩く」ためのコード 059
3-3 合図を送る「メッセージ」 066
3-4 お花畑の場面を作ろう 077
3-5 海の場面を追加しよう 084
3-6 音楽をつけてみよう 090

4 迷路脱出ゲームを作ろう ... 092
4-1 ゲームのルールを作ろう ... 095
4-2 素材を用意する ... 096
4-3 操作するプレイヤーを作ろう ... 098
4-4 敵キャラクター「ハチ」を作ろう ... 106
4-5 ゲームオーバー・ゴール時の表示 ... 110

5 ハンバーガーゲームを作ろう ... 116
5-1 素材を用意しよう ... 119
5-2 ゲームのルール ... 122
5-3 ゲームのスタート ... 124
5-4 それぞれのボタンが押された時 ... 134
5-5 ゲームの完成 ... 144

6 シートを使ってゲームを考える ... 152
オリジナルのゲームを作るために ... 155

おわりに ... 157

誌面の説明を動画で確認しよう！

本書にはサポートページが用意されています

　本書ではScratch3.0を使ったパソコンやタブレットでのプログラミング方法を解説しています。本書の補足となる解説動画の視聴や素材などがダウンロードできるサポートページを用意しています。下記のURLよりアクセスしてください。なお、本書はScratch3.0のベータ版を使い制作をしています。開発段階のものであり、正式版とは一部画面の構成や仕様が異なる場合があることをご了承ください。

サポートページにアクセスする

URL　http://www.bnn.co.jp/specially/scratch/

QRコードからもアクセスできる！

動画はYouTubeから見ることができる

　サポートページでは誌面の補足となる動画などのリンクがまとめられています。なお、YouTubeの視聴にはオンライン版のScratchと同様にインターネット環境が必要になります。

YouTubeの再生ボタンをクリック

誌面のアイコン部分をチェックしよう

誌面ページの青いスペースで「どうがでかくにん！」というアイコンがついている部分があります。このアイコンがついているところは、本書サポートページで動画のリンクが掲載されている部分となります。

動画を再生し、より詳しい解説や補足となる説明を確認することができます。

動画は予告なく削除される場合がございます。また、サイトのメンテナンス等により、一時的に視聴ができなくなる時間帯なども発生することをご了承ください。

詳しい解説を見ることができる

誌面だけではよくわからなかったところは動画を見て確認してみましょう。Scratchを操作している様子を音声つきの動画で見ることができます。操作についてわからない手順が出てきた時も見てみるといいでしょう。

007

プログラムやイラストをダウンロード

誌面で解説されたプログラムなどはダウンロード可能

本書のサポートページは動画のリンクだけでなく、誌面で解説されているプログラムのデータ、スプライトや背景のイラストデータもダウンロードすることができます。

誌面といっしょに実際にプログラムのデータを読み込んでみることで、プログラムがどのようにできあがっていくのかを理解することができます。より詳しく誌面の解説を理解するためにダウンロードしてみてください。

素材データをダウンロード

ファイルをダウンロードして解凍しよう

ダウンロードしたファイルは［scratch_sample.zip］というファイル名でひとつにまとめられた状態でダウンロードされます。これは圧縮された形式で、このファイルを「解凍」という展開する作業をすると、中にそれぞれの章で説明されているファイルが出てきます。

プログラムを読み込ませる

それぞれの章で解説されているプログラムの完成品は［Chaper○］フォルダの［プログラム］の中に入っています。Scratch3.0のできあがったプログラムは［sb3］というファイル形式です。このファイルをScratchに読み込ませるには、［ファイル］メニューの［コンピューターからよみこむ］よりプログラムを指定します。

ちなみに、新規で作ったプログラムを保存する場合は、［ファイル］メニューの［コンピューターからほぞんする］で自分のプログラムが保存できます。

プログラムファイルの場合

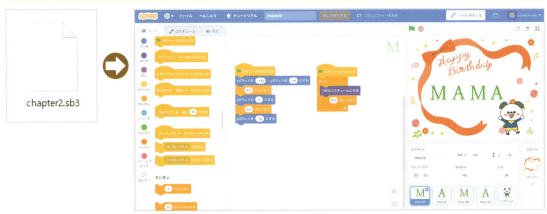

スプライトや背景を読み込ませる

プログラムだけではなく、個別に使われているスプライトや背景もダウンロードされたファイルの中に入っています。スプライトや背景の使い方はこのあとの解説でも紹介しますが、［スプライト（はいけい）をえらぶ］ボタンから［スプライト（はいけい）をアップロード］を選択することでアップロードができます。

スプライトや背景の場合

① Scratchって何だろう？

Scratchは楽しいプログラミングができるよ。
でもプログラミングって何だろう？

1-1 **Scracthに登録しよう** 013
1-2 **Scratchの使い方** 016

覚えられること…
アカウント取得からスプライトを動かすところまで

1 Scratchって何だろう?

「どうやって"プログラム"を作るのだろう?」「Scratchって何のこと?」
まずはScratchをみなさんが使えるように準備する方法と
簡単な使い方をお話していきます。

先生、私もお兄ちゃんも「Scratch」を使ってゲームを作っているのよ。
ウナちゃん

先生
Scratchなのね。じゃあソラくんもScratchでプログラミングをしてみようか。

ソラくん
僕、お家のパソコン勝手に触ったら怒られちゃう。

大丈夫! 新しくなったScratchはタブレットでもプログラミングできるのよ。学校でみんなが使っているタブレットで早速Scratchを使ってみましょう。

1-1 Scratchに登録しよう

Scratchを使えるようにする手順

さっそくScratchを使うための準備をしましょう。
用意するものは、

- インターネットにつながるパソコンまたはタブレット
- メールアドレス
- 好奇心

の3つです。まずはパソコンかタブレットをインターネットにつないで、普段いろんなインターネットのページを見るためのソフト「ブラウザ」を開きましょう。「ブラウザ」にはいろんな種類がありますが、対応ブラウザは以下になります。

パソコン
- Google Chrome 63以降
- Microsoft Edge 15以降
- Mozilla Firefox 57以降
- Safari 11以降

タブレット
- モバイル GoogleChrome 62以降
- モバイル Safari 11以降

ここで「アカウント」と呼ばれる「Scratchを使う時の自分の身分証」を作る方法を紹介します。この身分証を作ることで、自分専用の作ったプログラムを「保存しておく場所」を与えられたり、自分がScratchで作った作品を公開できるようになります。

「Scratch 3.0」は現在開発段階であるため、ここで紹介するアカウント登録方法は「Scratch 2.0」のものを基準としています。「Scratch 3.0」では登録方法が一部異なる場合もありますのでご了承ください。

アドレスバーに

https://scratch.mit.edu/

と入力してScratchのページを開きます。画面の右上の［Scratchに参加しよう］と書かれている部分をクリックします。

URL■https://scratch.mit.edu/

013

❶Scratchで使うユーザー名

Scratchの中で使いたい自分の名前を入力します。
絶対に本名は使わないようにしましょう。

❷パスワードを入力

Scratchを使う時に必要になる「ひみつのことば」を自分で決めて入力します。お家の人以外には教えないようにしましょう。

パスワードはScratchを使う時に必要になるので、忘れないようにメモしておきましょう。

❸パスワードの確認

［パスワードを入力］で入れた「ひみつのことば」をもう一度入力します。同じ言葉を入力しないと次の画面に進めないので注意してください。

入力できたら［次へ］をクリックします。

次の画面に進みました。

自分の生まれた年と月を選びます。▼を押すと［月］なら1〜12月というふうに選べる候補がでてきます。

ここで入力した内容はだれも見ることができませんので本当の年と月を選んでください。性別と国（ここではJapan）も選んで［次へ］をクリックします。

1 Scratchって何だろう?

次の画面に進みました。
ここでは電子メールのアドレスを入力します。

❶電子メールアドレス
用意したメールアドレスを入力します。

❷電子メールアドレスの確認
電子メールアドレスと同じアドレスをもう一度入力します。

入力が違っていると画面のように注意する吹き出しが出て次の画面に進めないので注意しましょう。
入力ができたら［次へ］をクリックします。

前の画面で入力したメールアドレスにScratchチームからメールが届いているので確認しましょう。メールの中に「MITのScratchチームからのご挨拶。あなたのお子様がScratchに新しいアカウントを作成しました。ユーザー名は次のとおりです（自分のアカウント名）。下のボタンを押してメールアドレスを認証してください」と書かれています。その下の文字（リンク）をクリックするように指示されますので、クリックしてください。これで自分のScratchを使う時の身分証「アカウント」ができました。

1-2 Scratchの使い方

画面の構成を覚えよう

これが、Scratchの画面です。最初に地球儀のマークをクリックしてください。Scratchはいろんな国の言葉に対応しています。もちろん日本語も選択できます。[にほんご]と書かれたものがありますので、クリックしてください。すると命令ブロックがすべて「ひらがな」で表示されます。

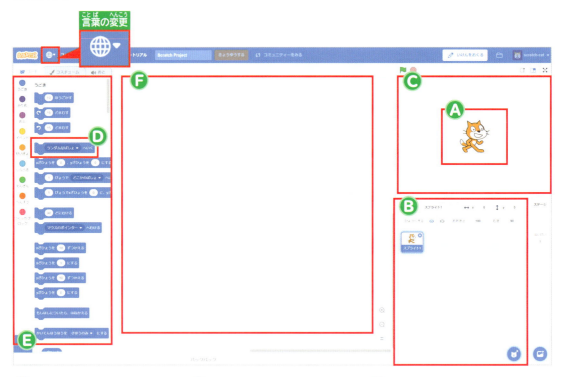

A スプライト
プログラムして動かしたいもの。いろんなものが用意されていますし、自分が作ったキャラクターなども使えます。

B スプライトリスト
使いたいスプライトたちをここに用意します。

C ステージ
スプライトたちが活躍する場所です。いろんな背景に変えることができます。

D コードブロック
スプライトへの命令が書かれたブロック。このブロックをくっつけてつないでいき、いろんなプログラムを作ります。

E ブロックパレット
いろんなコンピュータへの命令のブロックが用意されている場所です。命令の種類ごとに色分けされています。

F コードエリア
各スプライトへの命令ブロックをここに持ってきてつなげます。

どうがでかくにん！

Scratchの世界へようこそ！ まずはスクラッチの画面にはどんなものがあるか動画と一緒に確認してみましょう。それぞれの役目がわかると、「なんだ、簡単だ」ってきっと思うでしょう。Scratchを思いっきり楽しむための最初の一歩です！

はじめてのプログラミング

では、はじめてのプログラム「ネコを動かす」を実際に作ってみましょう。

［スプライト］のコードエリアにブロックを持ってきて、つないでいくことによってプログラムを作ります。［うごき］のグループの中に［（10）ほうごかす］のブロックがあります。このブロックをコードエリアに持ってきて、何度かクリックしてみましょう。

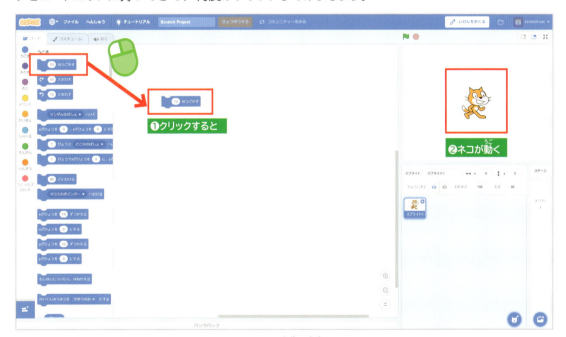

ステージにいるネコがニンジャのようにスッと右に動きます。

「10ほうごかす」と書かれると、ネコがテクテク歩いていくように思いますが、このブロックの「10ほ」は、スプライトがこのブロックの命令を1回実行する時に動く距離となります。

たとえばここの数字を「100」に変えてブロックをクリックすると、ネコは一度にたくさん進みます。さきほどの「10ほうごかす」の10倍進みました。

数字を「10」に戻し次の説明をします。[せいぎょ] グループから [(1) びょうまつ] のブロックをコードエリアに持っていきます。このふたつのブロックをくっつけます。このふたつくっついたブロックの上で右クリックをしてみましょう。3つのメニューが出てきます。一番上の [ふくせい] を選んでクリックしましょう。

せいぎょ

するとこのブロックのかたまりが、もうひとつできます。3回［ふくせい］をくりかえして、このブロックをつないでみましょう。

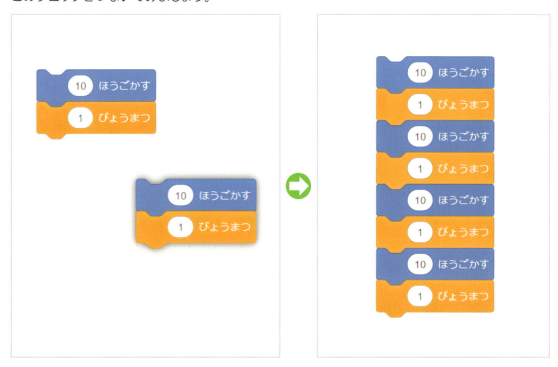

このつないだブロックのかたまりをクリックしてみましょう。ブロックが黄色く光って、ステージのネコが右に向かって4回移動します。

これで「ネコを動かす」プログラムができました。

スプライトを増やす

スプライトごとに違うコードを作っていく、ということをもう少し見ていきましょう。そのために、スプライトをひとつ増やします。画面右下の［スプライトをえらぶ］マークをクリックしましょう。

するとScratchに最初から用意されているスプライトの一覧の画面に移動します。その中でDog1のスプライトを選んでクリックしましょう。

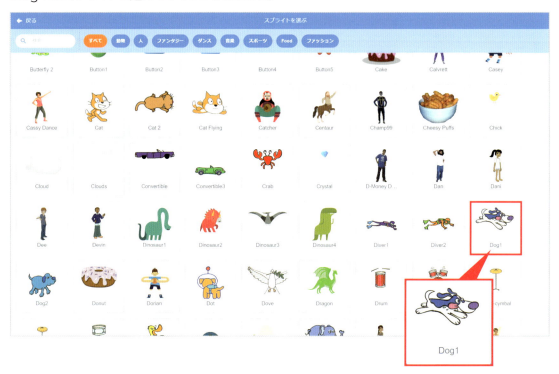

するとステージとスプライトリストにDog 1のスプライトが追加されました。コードエリアを確認してみましょう。コードエリアのブロックがありません！ さっき作ったコードブロックはどこにいってしまったのでしょう？

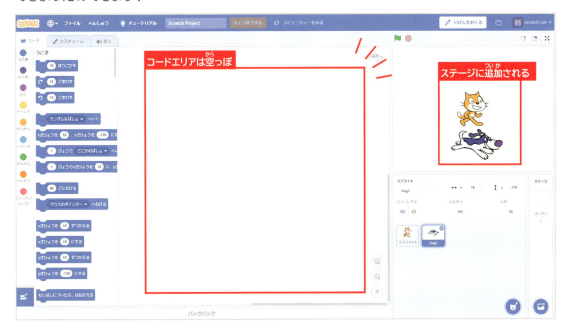

安心してください。スプライトリストのネコ（スプライト1）をクリックしましょう。さっき作ったブロックはちゃんとここにあります。

コードをコピーする

　空っぽだったのは、追加したDog1のコードだったのです。では、追加したDog1にも同じ「動かすコード」を作ります。また同じ手順をくりかえすのは面倒ですよね？　同じ「動かすコード」を最初から作る必要はありません。

　ネコのスプライトがもっている「動かすコード」をDog1にコピーすることができます。ネコのコードエリアにあるブロックにマウスを合わせ、スプライトリストにあるDog1の上までドラッグします。スプライトリストのDog1がユラユラと揺れますので、そのタイミングでボタンを離しましょう。

どうがでかくにん！

　同じようなコードブロックを作りたい時、全部を最初から作るのはとっても面倒ですね。

　Scratchには、コードブロックをほかのスプライトやプロジェクトに持っていく便利な方法があります。この動画では「ちょっと便利なScratchの機能」について紹介しています。

1　Scratchって何だろう？

スプライトリストのDog1をクリックして、コードエリアを確認してみます。空っぽだったDog1のコードにネコと同じブロックがコピーされました。

Dog1の [（10）ほうごかす] のブロックの数字を変えて [（20）ほうごかす] にしてみましょう。Dog1のコードブロック、そして、スプライトリストのネコのスプライトをクリックしてネコのコードもクリックしてみましょう。それぞれのスプライトが別々のプログラムを実行するので、ネコは1回に進む距離が「10ほ」、Dog1は1回に進む距離が「20ほ」と、進む距離が違います。

次の章では、もう少しいろんなブロックの使い方を通して、お誕生日カードを作っていきます。

② 動くお誕生日カードを作ろう

Scratchで動くお誕生日カードを先生に教えてもらいながら作ってみよう。

2-1 「背景」を用意しよう ... 027
2-2 「スプライト」を入れてみよう ... 030
2-3 「ブロック」を動かそう ... 032
2-4 「コスチューム」って何だろう? ... 037
2-5 同時にコードを動かそう ... 043
2-6 拡張機能を使ってみよう ... 045

覚えられること…
基本的な操作方法とくりかえし処理

2 動くお誕生日カードを作ろう

前回ははじめてのプログラミングでキャラクターを動かしました。Scratchにはまだまだ多くのブロックがあります。この章では、いろんなScratchのブロックに触れながら動くお誕生日カードを作ってみましょう。

もうすぐパパのお誕生日なの。でも、お祝いをしたいけど何をしたらいいかわからなくて。

それだったら、Scratchでお誕生日をお祝いしてみたらいいんじゃない？ きっと喜んでくれるよ。

僕のママもお誕生日が近いんだ。普通のお誕生日カードじゃおもしろくないしなぁ。

せっかくだから、楽しい仕掛けもたくさん盛り込んじゃおう！

先生、Scratchっていろんな色のブロックがあるんだね。

できることごとに色分けされているんだよ。

いろんなブロックを使ってみたいけど。どうやって使っていいのかわからないね。

じゃあ、いろいろなブロックを使って、動くお誕生日カードを一緒に作ろう。まだ使い方がわからないよね。まずはScratchの画面を見ながら、お誕生日カードの台紙部分の準備をしていこうね。

2-1 「背景」を用意しよう

Scratchに用意されている「背景」を使う場合

1章では、Scratch に用意されていたネコは真っ白なステージを歩いていきました。Scratchのステージには「背景」という、いろんな場面のステージが用意されています。用意されているものだけでなく、自分で描いた絵や、写真を使うこともできます。

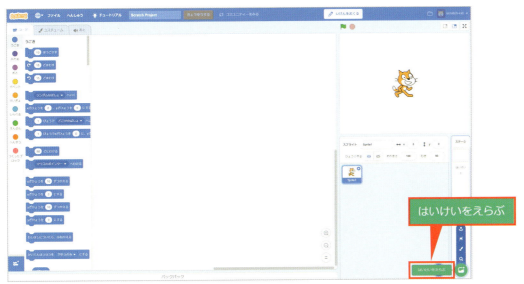

Scratchの画面のこのボタン はいけいをえらぶ をクリック。

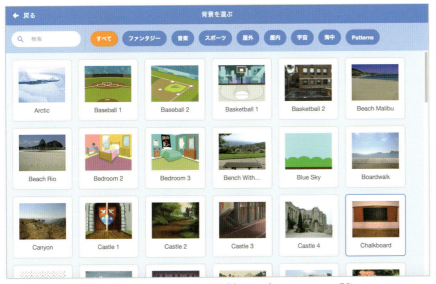

「背景」の一覧が出てくるので、この中から好きなものを使いましょう。

自分で描いた絵や写真を使いたい場合

今回は先生がパソコンの中にカードの台紙の絵を描いて用意しています。この絵をパソコンの中から探して、背景にする手順を確認しようね。

　自分で描いた絵や撮った写真を背景として使いたい場合は、背景としてScratchに持ってくる時の手順が少し変わります。パソコンの中から使いたいものを探して、選んであげる必要があります。

Scratchの画面のこのボタン [はいけいをアップロード] をクリック。

背景がアップロードできた！

　[はいけいをアップロード]をクリックすると、自分のパソコンの中をあらわす左上のような画面が出てきます。ファイル、というのは今の場合「自分が背景として使いたい絵や写真」のことです。自分の使いたい絵や写真の名前をこの中から探して[開く]をクリックしましょう。

POINT 使いたい画像が一覧に出てこないという時には、探す場所が違うのかもしれません。パソコンの中は「フォルダ」という入れ物ごとに分けて、いろんなものをお片づけしています。探しものが見つからない時には、違うフォルダも探してみましょう。

028　2 動くお誕生日カードを作ろう

カード台紙はダウンロードしたファイルの［Chapter2］→［そざい］というフォルダにお片付けされているので、［そざい］フォルダに移動してみましょう。

 さぁ、これでカードの台紙が用意できたね！　次はカードの中身を作っていこう。

続いて、カードの中身を作っていきますがネコのスプライトはここでは不要なので削除します。スプライトの削除はスプライトリストで表示されているスプライトの右上の「×」マークで行います。

どうがでかくにん！

ファイルやアップロード、と聞きなれない言葉で心配になりますが大丈夫ですよ。難しいことはしていません。
動画で使いたい画像をScratchにもってくる方法をここで確認しましょう。

2-2 「スプライト」を入れてみよう

動かす文字を用意しよう

ステージには「背景」だけでなく、動かせる素材を中に入れることができます。その素材を「スプライト」といいます。「スプライト」の使い方を説明していきます。

お母さんが来週お誕生日なんだ！ 僕はお母さんにお誕生日カードを作るよ。

私はパパが来月お誕生日よ。

あらステキ！ じゃあせっかくだから、文字が動いたりするようにScratchでプログラミングしてみましょう。

今度は「スプライト」という「プログラムで動かしたいもの」を用意します。今回は文字を動かしたいので、この文字の「スプライト」を用意します。

Scratchの画面のこのボタンから スプライトをえらぶ をクリック。

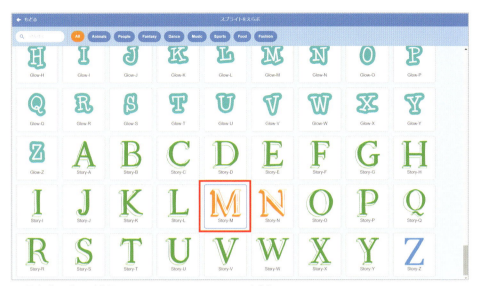

　Scratchに用意されているスプライトが表示されます。「M」のスプライトをクリックして、ステージに持っていきます。同じ手順を繰り返して「A」「M」「A」（2回目の「M」「A」は［ふくせい］でもOK）をステージに用意しましょう。

　ステージに用意できたら、文字のスプライトをおおまかな位置に並べてみましょう。そのままのサイズだと台紙に収まりきらない時は、スプライトリストから少しサイズを変えてみましょう。

2-3 「ブロック」を動かそう

動く文字を作る

動かしたい「スプライト」が用意できました。今度は動かすためにブロックを組み合わせてそれぞれのスプライトに「コード」を作っていきましょう。

僕はね、「MAMA」の文字が動くようにしたい。

私は「PAPA」の文字が順番に色が変わるようにしたい。

じゃあ、文字のスプライトにコード……「このように動いてほしい」という命令をつけていきましょう。

まず文字を「こんなふうに動かしたい」を考えてみましょう。今回は文字のスプライトに、「最初の位置にセットする」→「ジャンプするように上に動く」→「戻る」という3ステップで動かしてみたいと思います。

❶最初の位置にスプライトをセットする

まずはそれぞれのスプライトの最初の位置を決めるためのコードを［コード］のタブをクリックし、作っていきましょう。動かしたいスプライトをクリックしてから、ブロックを選ぶのを忘れないようにしてください。プログラムがスタートした時にそれぞれのスプライトが「決まったステージ上の位置」にいるようにするために、まずは「必ずこの位置にいてください」という命令をします。では、「ステージ上の位置」をスプライトにどうやって教えたらよいでしょうか？ Scratchの画面のこの部分に注目してください。なにか数字が書いてあります。これが「スタート位置」を覚えてもらうための手掛かりになります。

どうがでかくにん！

ここで謎のキーワード「座標」の登場です。「座標」はスプライトをステージで自由に動かすためのポイントになるものです。動画で「座標」とは何なのか？というお話をしています。

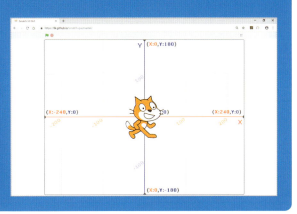

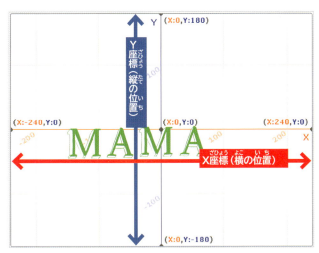

　Scratchのステージの中心の位置を0として、左右をx座標と表現します。0の位置より左側にいくと数字はマイナスになります。中心より右側であればプラスの数字。x座標が10ということは、中心より右側に10移動した位置ということになります。y座標は上下の位置です。中心より上ならプラスの数字、中心より下であればマイナスの数字であらわします。このxとyの位置の組み合わせで、スプライトの位置を決めることができます。

　x座標が10、y座標が-15ということは……中心より右に10、下に15移動した位置ということになります。

　そう、この数字は今このスプライトがいるステージの位置の座標です。

　スタート位置の座標はx座標0、y座標0ということです。では、ここで［うごき］グループの中に［xざひょうを○、yざひょうを○にする］というブロックを探しましょう。

`xざひょうを -132 、yざひょうを -16 にする`

　見つかりましたか？　このブロックの座標は、選択しているスプライトの座標になっているはずです。ここでは最初の文字「M」はx座標を-132、y座標を-16となっています。

❷上に動かしたい時は?

次に、文字のスプライトがジャンプしたように上に動かすためのコードです。Scratchではステージの真ん中を基準にして左右の位置を「x座標」、上下の位置を「y座標」でステージ上のスプライトの位置を命令します。「今いる位置」から上に動かす……「y座標」の数字を変えるとうまく動いてくれそうですね。

動きグループから今度は［yざひょうを〇にする］のブロックを探してください。

このブロックの数字を「今いる位置」から+20した数字に変えて、ひとつめのブロックの下につないでみましょう。

```
xざひょうを -132 、yざひょうを -16 にする
yざひょうを 4 にする
```

❸元の位置に戻る

ジャンプしたあとに、元の位置に戻るためのコードを考えます。もうみなさんわかりますね? 「y座標を元どおりにする」ためのブロックを下につなぐとうまくいきそうですね。もうひとつ［yざひょうを〇にする］のブロックをコードエリアに持っていきます。数字をひとつ目のステップのブロックのy座標と同じ数字にして、ふたつ目のブロックの下につなぎます。

```
xざひょうを -132 、yざひょうを -16 にする
yざひょうを 4 にする
yざひょうを -16 にする
```

できあがったブロックをクリックして、ちゃんと動いてくれるか確認しましょう。

動かないよ。

コンピュータはとても速いスピードでこの命令を実行してくれたから見えなかったんだね。

コンピュータは人間の目では見えないぐらい速いスピードで、この3つのステップを実行しました。これでは動くカードを送られた人にもわかりません。なので、人間の目で見えるスピードにするための工夫をします。[せいぎょ] グループに [（1）びょうまつ] というブロックがあります。このブロックを3つのステップの間にはさんで、少しゆっくり実行してもらいましょう。

　[（1）びょうまつ] のブロックの数字を0.2に変更します。このブロックを右クリック→ [ふくせい] を選んでコピーします。

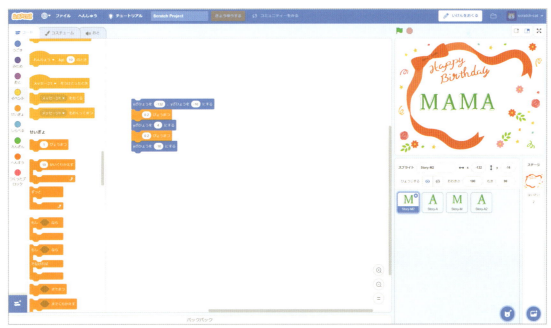

動いた！ でも先生、動いたのはこの文字だけだよ。

それは、この「M」の文字にしか、コードのブロックが入っていないよね。

　1章でも使った「コードのコピー」を使って、のこり3つのスプライトにも同じ動きができるようなコードを作っていきましょう。

035

ここでひとつ注意があります。コピーした後のブロックを見てみましょう。

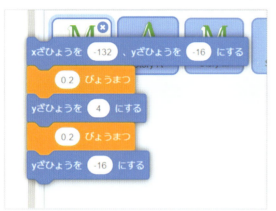
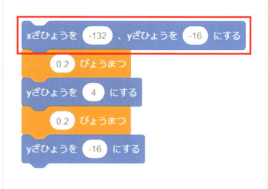

コピーしたブロックは元の「M」のスプライトの座標のままなのです。「A」のスプライトのスタート位置はこの数字なので、最初の位置の数字を変えるのを忘れないようにしてください。

忘れてしまうと、コードを実行した時に「A」のスプライトは「M」と同じ位置に動いてしまいます。

-4
「コスチューム」って何だろう？

スプライトは着せ替えができる

スプライトには着せ替えをすることができるものがあります。それを「コスチューム」と呼びます。

先生、さっきスプライトを選ぶ時この文字の色が変わったのはなんで？

文字のスプライトを選ぶ時にマウスをスプライトの上に合わせると文字の色が変わったのを覚えていますか？

 それは「コスチューム」があるからだね。ここに「コスチューム」って書いてあるタブがあるからクリックしてみてちょうだい。

画面が変わっちゃったよ。

画面の左側を見てください。この「M」のスプライトの中には3つの違う色の「コスチューム」とよばれるものが用意されています。これはスプライトが持っている「パラパラ漫画のコマ」のようなものです。

▶ どうがでかくにん！

もうひとつのキーワード「コスチューム」の登場です。Scratchの中での「コスチューム」とはどんなことができるのでしょうか？ コスチュームの追加方法とあわせて動画で確認しましょう。

じゃあウナちゃんの質問をまずはコスチュームを順番に切り替えることで答えてみましょう。

　　［コード］タブにもどり、［みため］グループ つぎのコスチュームにする というブロックを探してをコードエリアへ持っていきましょう。何度かクリックして、どんなことを命令するブロックなのか確認してみましょう。

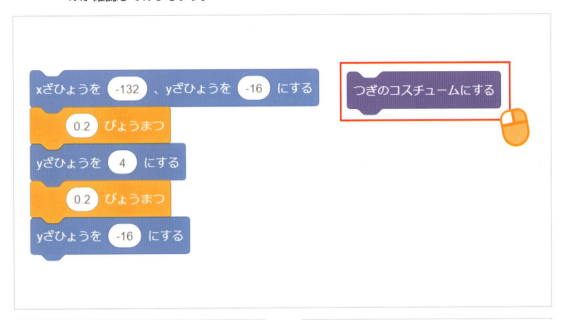

わぁ色が変わった！

　このブロックは、さきほど［コスチューム］の画面で確認した「そのスプライトに用意されているコスチュームを次々に切り替える」という命令を実行してくれるブロックなのです。

便利な「くりかえす」ブロック

ずっと色を変え続けたい時って、毎回クリックしないとダメかな？

どんどんブロックをつなげたらどうだろう！

100個同じブロックをつなげるの？　う〜ん面倒くさいなぁ。

　同じことをくりかえしたい時、少しのくりかえしなら［ふくせい］でコードをコピーしてつないでいってもできますが、今のように「ずっとくりかえしたい」といった時に、これではとても大変ですね。そんな時、とても便利なブロックがScratchにはちゃんと用意されています。
　それが［せいぎょ］グループの［くりかえす］ブロックの仲間たちです。

　今までのブロックとは少し形が違います。
　今までのブロックはどんどんつないでいったものを「上から下に順番に命令を実行」しました。この［くりかえす］ブロックは命令をどのように実行するのかを、［(10)かいくりかえす］のブロックで説明します。

 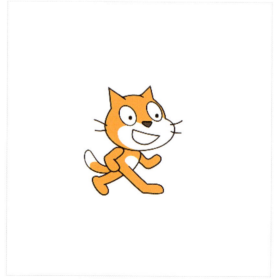

　例えばこのブロックをクリックした時、ネコのスプライトは10歩分右に動いて→「ニャー」と5回ないて→10歩分さらに右に動きます。

040　**2**　動くお誕生日カードを作ろう

左のブロックと同じ命令は以下のようにします。

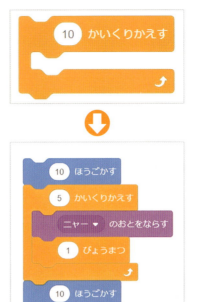

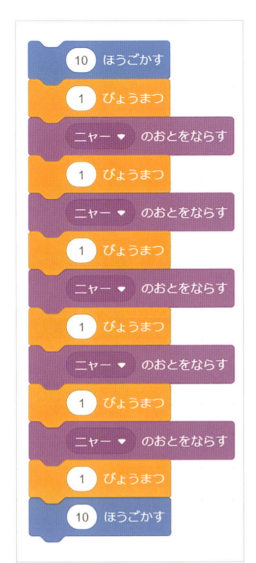

コードがとてもスッキリしますし、くりかえしの回数が増えても数字を変えるだけでOKです。

今は「ずっと色を変え続けたい」ので

のブロックを使って、コードを作りましょう。

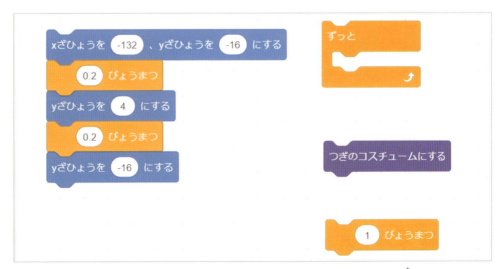

[ずっと（くりかえす）] と [(1) びょうまつ] のブロックをコードエリアに持っていきます。

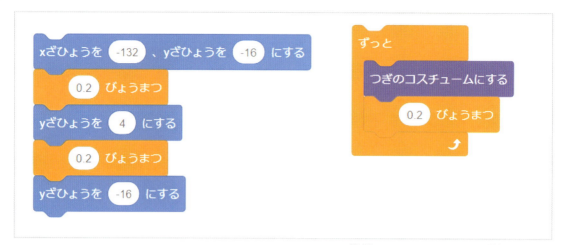

　くりかえしたいのは［つぎのコスチュームにする］という命令です。これだけだと速すぎて見えにくいので、［(1)びょうまつ］のブロックも一緒に［ずっと］のブロックの中に入れましょう（〇秒の数字は0.2でなくても大丈夫です）。できあがったコードをクリックして、命令がうまく動いているかを確認しましょう。

POINT コスチュームがないスプライトでも、［みため］ブロックに［いろのこうかを(25)ずつかえる］というブロックもあります。このブロックも使ってみて、見た目の違いを確かめてみよう。

　「この作り方が正解」なんてありません！　「自分がこのように作りたい」を実現するために、どのブロックを使おう？　と工夫するのがとっても大事ですよ。

2-5 同時にコードを動かそう

プログラムのスタート「緑の旗をクリックする」

これまでに作ったいろんなコードを動かす場合は、すべて個別に動かさなければなりませんでした。しかし、プログラムでは同時に動かさなければいけない時もありますね。そこで、緑色の旗を使って、できあがった個別のコードを一緒に動かしてみましょう。

先生、「ジャンプする」ためのコードと「色を変える」コードを作ったけど、「ジャンプしながら色を変える」にはどうしたらいいの？

下にくっつけると一緒にはできないよね。

じゃあ、どっちのコードも同じタイミングでスタートしたらどうかな？

ステージの周りをよく見てみましょう。ステージの左上にふたつのマークがあります。この緑色の旗のマーク、どこかで見たことあるなぁ？　と思った人もいるかもしれません。

実は、[イベント] グループの中に  がクリックされたとき というブロックがあります。

このブロックを今まで作ってきたコードの一番上にくっつけると、ステージの上のこのマークをクリックしたタイミングでコードの実行をスタートさせることができるのです。「ジャンプするように動くコード」のブロックと「コスチュームを切り替え続けるコード」のブロックそれぞれの一番上にこのブロックをくっつけると、緑の旗のマークをクリックした時に「同時に」コードをスタートさせることができます。

ジャンプしながら色が変えられた

ほかのスプライトにも色を変えるためのコードをコピーするのを忘れないようにしてください。

やったぁ！　こんなふうにしたかったんだ。お母さんよろこぶかな？

わたしはもうちょっといろんなブロックを使ってみたいな。

じゃあ、いろんな国の言葉で「おめでとう」を表示してみるのはどう？

そんなことできるの？

044　2　動くお誕生日カードを作ろう

2-6 拡張機能を使ってみよう

拡張機能を使うまでの準備

　Scratch3.0には「拡張機能」という特別な機能を集めた画面があります。ブロックパレットの一番下に注目してください。

　こんなマークがあります。見つけられましたか？

このマークが「拡張機能」の入口です。クリックしてみましょう。

　すると、「拡張機能」の画面に移動します。ここには「ちょっと変わったことができるブロック」や「LEGO」や「micro:bit」といった「Scratch以外の機械」をScratchの命令で動かすためのブロックが用意されています。
　今回は「ほんやく」という拡張機能のブロックを使って、いろんな国の言葉で「おめでとう」を表示するためのコードを作ります。

「おめでとう」を言うスプライトを追加しよう

［ほんやく］のパネルをクリックしましょう。すると元の画面に戻ってきますが、ブロックパレットの一番下に［ほんやく］のグループが追加されます。

つぎに「おめでとう」をいろんな国のことばで言ってくれるスプライトを追加しましょう。

カード台紙と同じ［そざい］フォルダの中に［ソラくん1］という画像ファイルが用意されています。この画像をスプライトとしてアップロードします。上の画像のボタンを押して選択します。

POINT 本の執筆時点で「にほんご」表示のこの部分は「Upload Sprite」と英語になっています（「日本語」表示では「スプライトをアップロード」）。ベータ版でのミスと思われ、本書では「スプライトをアップロード」表記で進めます。

2 動くお誕生日カードを作ろう

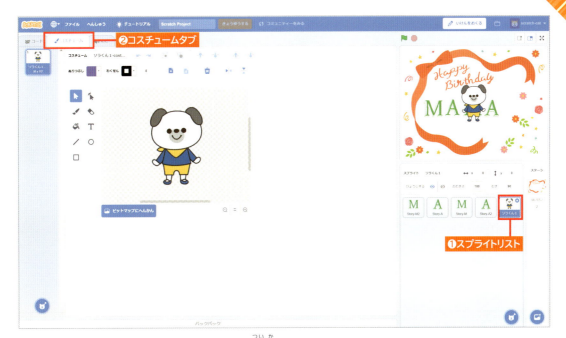

　スプライトリストにソラくんのスプライトが追加されました。ソラくんのスプライトに［コスチューム］も追加します。少し手順が違うので注意しましょう。スプライトリストの［ソラくん1］をクリックして、必ずソラくんのスプライトが選ばれている状態にしてから［コスチューム］タブをクリック。コスチュームの画面に移動しました。画面の左側、ソラくんのスプライトにはコスチュームがひとつしかありません。

　コスチュームが並ぶ、画面左側の下に注目してください。［スプライトをえらぶ］とおなじマークがあります。ですが、ここにマウスをもっていくと（クリックはしません）［コスチュームをえらぶ］と表示されます。さらに上にメニューが伸びてきます。この中にある［コスチュームをアップロード］の上にマウスを合わせて、クリックします。

　すると、[開く]の画面に変わり、さきほど[ソラくん1]をScratchに持ってきた時と同じ場所に移動します。今度は[ソラくん2]を選んで[開く]のボタンをクリックしましょう。ソラくんのスプライトに[コスチューム]が追加されました。

ほんやくブロックを使う

先生、このほんやくブロックを見てみたけどほかのブロックと違ってくっつけるためのデコボコがついてないよ。

このブロックは、ほかのブロックに埋め込んで使うのよ。

どうがでかくにん！

　拡張ブロックの中にいる「ほんやくブロック」。今までのブロックとは少し形が違います。ほかのブロックに埋め込んで使えるブロックです。ほかのブロックに埋め込む時の注意と操作方法を動画で確認しましょう。

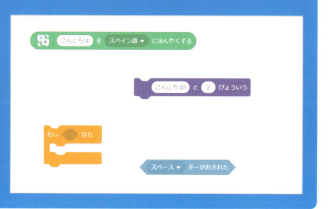

［みため］グループの［（こんにちは！）と（2）びょういう］ブロックをコードエリアに持ってきます。［ほんやく］グループ［（こんにちは）を（ウェールズ語）にほんやくする］のブロックもコードエリアに持ってきましょう。［（こんにちは）を（ウェールズ語）にほんやくする］ブロックを［（こんにちは！）と（2）びょういう］ブロックの「こんにちは！」部分に白く光

ったタイミングでマウスを離します。すると［（こんにちは）を（ウェールズ語）にほんやくする］ブロックが［（こんにちは！）と（2）びょういう］のブロックの中に埋め込まれます。

　ブロックをクリックして翻訳された言葉が表示されるのを確認してみましょう。今回は「おめでとう」という言葉を日本語以外で言いたいので「こんにちは」の部分をクリックして

とキーボードから入力してください。

そして「ウェールズ語」となっている部分の横の▼ボタンをクリックすると本当にたくさんの国の言葉が選べます！

　ここでは「ウェールズ語」ですが、あらかじめ表示される言葉はScratchを起動するたびに変わります。好きな国の言葉を選んでください。

カードを完成させよう

　これでいろんな国の言葉で「おめでとう」と言うコードができました。カードを完成させるためにスプライト［ソラくん1］のコードを考えましょう。ソラくんは文字のスプライトと重なっていて、文字が見えにくいですね。ステージの右下に移動してもらいましょう。ステージのソラくんをマウスを使って移動してください。

　ここをソラくんのスタート位置としたいので、［イベント］グループの［ 🚩 がクリックされたとき］と［うごき］グループ［xざひょうを〇、yざひょうを〇にする］のブロックを持ってきます。今ソラくんがいる位置の座標になっているか確認しましょう。

　最初は［ソラくん1］のコスチュームで待っていてほしいので、［みため］グループの中から［コスチュームを（ソラくん1-costume1）にする］のブロックを探しましょう。このブロックが［コスチュームを（ソラくん2）にする］と表示されている場合は横の▼ボタンをクリックすると［ソラくん1］がちゃんと用意されていますので、こちらをクリックしてください。

カードのプログラムが始まって、少し待ってから「おめでとう」と言ってほしいので、［せいぎょ］グループから［（1）びょうまつ］のブロックを持ってきて［（2）びょうまつ］に変更して下につなげます。そして［おめでとうを〇〇語にほんやくすると（2）びょういう］のブロックをこの下にくっつけて、最後に［みため］グループの［コスチュームを（ソラくん2）にする］のブロックをくっつけます。

これで、動くお誕生日カードの完成です。

最後にステージの上のこのマーク をクリックしてみてください。画面いっぱいにステージが表示されます。ステージの左上には緑の旗のマークがちゃんとありますので、できあがったプログラムをこの画面でもスタートさせることができます。

プログラムを止めたい時にはその隣の赤い マークをクリックします。スプライトを増やしたり、自分でいろんなブロックを試したりしてぜひオリジナルの動くお誕生日カードを作ってくださいね！

③ 自分だけのアニメを作ろう

絵本のように場面を変えたりできるかな？
いろんなブロックを使ってチャレンジ！

3-1 素材を用意しよう 055
3-2 「歩く」ためのコード 059
3-3 合図を送る「メッセージ」 066
3-4 お花畑の場面を作ろう 077
3-5 海の場面を追加しよう 084
3-6 音楽をつけてみよう 090

覚えられること…
背景の切り替えとメッセージ機能

3 自分だけのアニメを作ろう

ストーリー仕立てのお話を作ってみましょう。絵本のように場面を変えたりできるかな？ メッセージや音を入れてみると楽しいよ。いろんなブロックが出てくるので、ここで使い方を覚えておこう。

先生！ お誕生日カード、パパがとっても喜んでくれたよ。

うふふ、よかったわ。

スプライトはいろいろ動かせるけど、背景って動かせないのかな？

動かすというか、違う場面みたいに切り替えたりはできるわ。紙芝居みたいにね。今度はピクニックのようすを「動く絵本」で作ってみない？

3-1
素材を用意しよう

絵本の場面は2種類、「町」と「お花畑」

まずは絵本の舞台になる背景を用意します。ここでの絵本の場面は2種類、「町」と「お花畑」。このふたつの背景を、まずScratchの中に持っていきます。背景をScratchの中に持ってくる手順は2章でも出てきましたね。簡単におさらいをしましょう。

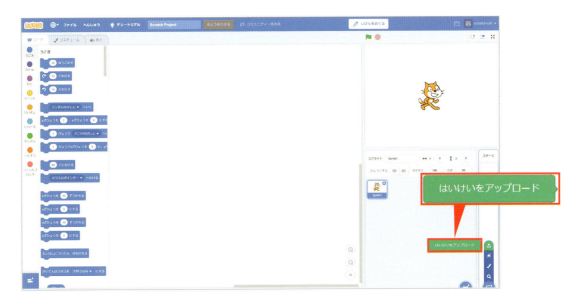

ダウンロードした3章の素材フォルダ［Chapter3］→［そざい］フォルダから［まち］の画像をScratchの背景にしましょう。今の手順をもう一度くりかえして、今度は［おはなばたけ］もScratchに持っていきましょう。

背景のコードを確認しよう

「背景」もコスチュームみたいになるんだね！

そして、背景にも「コード」で命令をすることができるのよ。

そうなの？

じゃあコードの画面を見てみましょう。

　背景もスプライトのコスチュームのようにふたつ以上設定したり、コードで命令することができます。[コード]のタブをクリックして、背景のコードの画面を確認してみましょう。少しだけ、スプライトとは使えるブロックが変わります。ブロックパレットに注目してください。[うごき]のブロックが使えません。このように、スプライトと似ている部分が多いですが、まったく同じではありません。

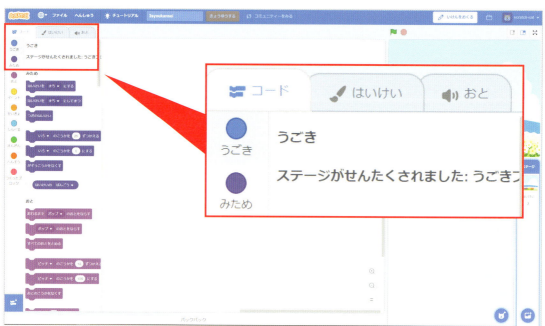

スプライトを用意しよう

今度はソラくんとウナちゃんに登場してもらいましょう。アップロードした背景から［まち］を選択した状態で、［スプライトをアップロード］からダウンロードした3章の素材フォルダ［Chapter3］→［そざい］フォルダから［あるく］フォルダを開きます。［ソラくんあるく1］を選んで［開く］ボタンをクリック。ソラくんのスプライトがアップロードできました。

続いてコスチュームを追加していきます。［コスチューム］タブから［コスチュームをアップロード］で［ソラくんあるく2］を選んで［開く］のボタンをクリック。ふたつのコスチュームを交互にクリックすると、ソラくんが歩いているように見えますね。ウナちゃんも同じ方法でステージに来てもらいましょう。少しスプライトが大きいな、と思う人は大きさを変えてみましょう（ここでは大きさを70に変更しています）。スプライト名は［ソラくん］、［ウナちゃん］というように表示を変えることもできます。

057

絵本の1ページ目、町のなかでふたりがバッタリ会うところを作ってみようね。

画面の左にウナちゃん、画面の右にソラくんのスプライトを持ってきます。[うごき] グループの [xざひょうを〇、yざひょうを〇にする] ブロックを、ソラくん、ウナちゃんそれぞれのコードエリアに持ってきて、現在の座標がスプライトリストのものと同じか確認しましょう。

おなじ値であることを確認

ふたりのスプライトにはそれぞれコスチュームがありましたね。このコスチュームを切り替えて、歩いているように見えるコードを作ります。

3-2 「歩く」ためのコード

キャラクターを歩いているように見せる

 ふたりとも歩く時ってどうする？

 え、普通に歩くよ。

 そうだね、歩くってことをいつも当たり前のようにしているから、そう思うよね。じゃあ、歩けない赤ちゃんから歩き方を教えて！って言われてたら、どうやって教える？

 うーん……右足を前に出して、次に左足を出してをくりかえす、かな？

 いい答え！ じゃあ、ステージにいるこのふたりにも歩き方を教えてあげましょう。

ふたりが歩いているように見えるコードを作ります。まずは使うブロックを用意しましょう。

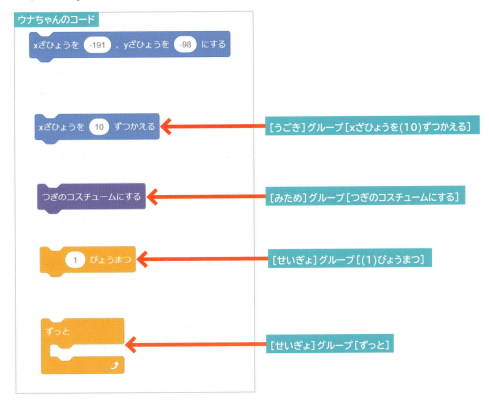

ソラくんは画面の右側から歩いてくるので向きを反対にするために、[うごき] グループ [（90）どにむける］を「（-90）どにむける」にして用意します。この時ソラくんがひっくり返らないように、［うごき］グループから［かいてんほうほうを（さゆうのみ）にする］ブロックをつなぎます。右から左へ歩いていくので「xざひょうを（10）ずつかえる」のブロックの数値を（-10）にしてコードエリアに持っていきます。あとは、ウナちゃんと同じように［みため］グループの［つぎのコスチュームにする］、［せいぎょ］グループの［（1）びょうまつ］、［ずっと］を用意します。

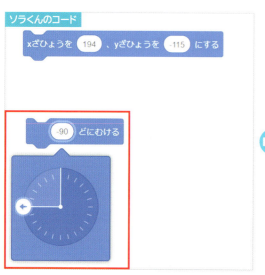

角度を変えただけでは逆さになる

向きを反転することができた！

ふたりのコスチュームを切り替えることで歩いているように見せるので、[xざひょうを（10）ずつかえる] ごとに [つぎのコスチュームにする] というブロックをくりかえして、「歩く」ためのコードを作ります。ウナちゃんのコードは [ずっと] のブロックの中に [xざひょうを（10）ずつかえる]、[つぎのコスチュームにする]、[（1）びょうまつ] のブロックをここでは「0.2」に変更して入れます。[〇びょうまつ] のブロックは歩くスピードを調整するために使います。はじめの座標のブロックにつなぎましょう。

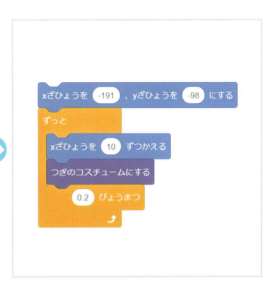

ソラくんの場合は右から歩くので [xざひょうを（-10）ずつかえる] ですね。同じようにコードを作りますが、さきほど用意した [かいてんほうほうを（さゆうのみ）にする]、「（-90）どにむける」ブロックをはじめの座標のブロックにつなぎ、その下に歩くコードをつないでいきます。

ふたり同時にスタートできるように [🏁 がクリックされたとき] を頭につけて一度コードを実行してみましょう。

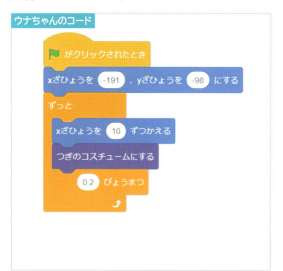

先生！ふたりとも無視してすれ違っちゃうよ！！

そうね、今はまだコードが「歩く」ためのものしかないからね。今からお互いに「気づく」ためのコードを作っていきましょう。

3 自分だけのアニメを作ろう

「しらべる」のブロックでお互いに気づく

プログラムは命令したことを順番に実行してくれます。今回はふたりの距離が縮まったタイミングでお互いに「気づいて」「歩くことをストップ」するプログラムにしましょう。

まず、気づくために のブロックを使います。

[しらべる] グループの中には、ほかのスプライトやマウスなどが「今どうなっているのか」を調べられるブロックが用意されています。[しらべる] グループには、ちょっと変わった形のものがあります。このブロックたちはほかのブロックと一緒にならないと使えません。

[しらべる] グループから マウスのポインターまでのきょり というブロックをコードエリアに持っていきます。[（マウスのポインター）までのきょり] ブロックの▼ボタンをクリック→［ソラくん］に変更します。

そしてもうひとつ グループから「○＜（50）」のブロックを持っていきましょう。

　ふたりの距離が縮まって気づくタイミングということは「離れているふたりの距離がより小さくなり、気づく」と言いかえられます。そこで、[えんざん] グループの [○＜（50）] を使います。このブロックの「＜」より左側に [（ソラくん）までのきょり] のブロック、右側が「50」となると「ソラくんとの距離が50より小さい」ということをあらわすブロックになります。50では小さすぎるのでここでは「100」と入力して進めます。

 「＜」と「＞」は不等号と呼ばれる記号で、小学校3年生になったら学校で習います。この時、記号の向きに注意しましょう。「＞」だと逆の意味「ソラくんとの距離が100より大きい」になってしまうので注意してください。

　そして、「くりかえす」ブロックも [ずっと] から [○までくりかえす] のブロックに変更します。ちょうど [（ソラくん）までのきょり＜（100）] のブロックが入りそうな形になっていますね。

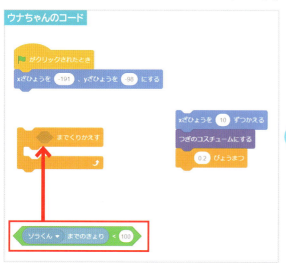

このようにブロックを組み合わせることで、「ソラくんとの距離が100より小さくなるまでくりかえす」というブロックができました。［ずっと］のブロックは削除しましょう。

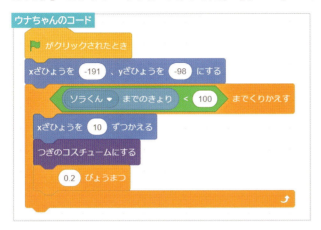

同じように、ソラくんの「ウナちゃんに気づくためのコード」を作ります。「ウナちゃんまでの距離が100より小さくなるまで歩き続ける」というふうにしたいので、下のブロックのようになりますね。

ではもう一度、ステージ上の緑の旗をクリックしてコードがきちんと動くか確認してみましょう。

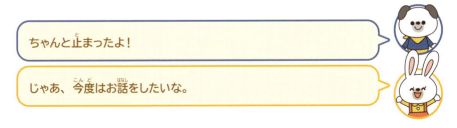

3-3
合図を送る「メッセージ」

順番にお話をさせるには

　続いて、ふたりが会話をするシーンを作っていきましょう。会話は［みため］グループの［（こんにちは！）と（2）びょういう］ブロックを使うと作れそうですね。早速、これまでにできたふたりのコードにつなげてみましたが、これだと同時に話してしまいます。どうしたらいいでしょう？

先生、「○を2びょういう」のブロックをさっきのブロックにくっつけて、コードを実行するとそれぞれが勝手にお話を始めちゃうよ。ちゃんと順番にお話しているようにはできないのかな？

　これでは順番にお話できませんね。一度、［（こんにちは！）と（2）びょういう］ブロックを離しましょう。みなさんの普段を思い出してみましょう。例えば学校で順番に発表する時、みんなが勝手に前に出てきてお話するでしょうか？　ちゃんとみんなが決められた順番に前にいってお話をすると思います。

　その時に「じゃあ次は○○さん」といったように先生が合図することで「次は自分の番だ」とわかりますよね。Scratchにもこの合図を送るための機能があります。それが「メッセージ」という機能です。メッセージ機能の説明をします。

メッセージの機能とは？

どうがでかくにん！

メッセージの機能は「メッセージを送る」「メッセージを受け取る」をセットにして使います。［（メッセージ1）をおくる］のブロックで合図を送ります。［（メッセージ1）をうけとる］のブロックは送られたメッセージを受け取ります。メッセージは［あたらしいメッセージ］でいろんな種類を作ることができます。

例をあげて解説していきましょう。「メッセージを送るスプライト」「メッセージを受け取るスプライト1」「メッセージを受け取るスプライト2」と3つのスプライトがあります。

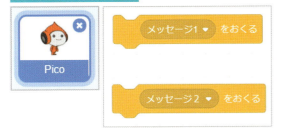

メッセージを送るスプライトが［（メッセージ1）をおくる］［（メッセージ2）をおくる］のふたつのブロックを持っています。メッセージを受け取るスプライト1は［（メッセージ1）をうけとったとき］ブロック、その下に［（こんにちは！）と（2）びょういう］のブロックをつないでおきます。メッセージを受け取るスプライト2は［（メッセージ2）をうけとったとき］ブロック、その下に［（こんにちは！）と（2）びょういう］のブロックをつないでおきます。

では、メッセージを送るスプライトの［(メッセージ1)をおくる］のブロックをクリックしてみましょう。［こんにちは！］と言ってくれたのは［(メッセージ1)をうけとったとき］のブロックをもったスプライトです。では次に［(メッセージ2)をおくる］のブロックをクリックしてみましょう。今度は［(メッセージ2)をうけとったとき］のブロックを持っているスプライトが「こんにちは！」と言ってくれました。このように、メッセージの機能を使うことによってほかのスプライトを動かすきっかけにしたり、送るメッセージを変えることによって動かすスプライトを分けることができます。

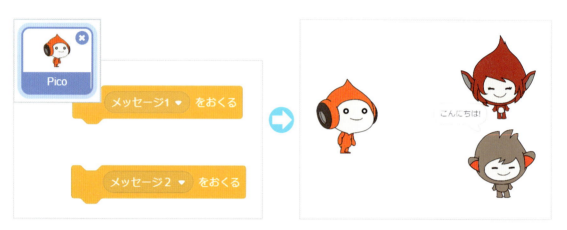

　最後に［(メッセージ2)をうけとったとき］スプライトのブロックを［メッセージ1］のブロックに変更してどちらのスプライトも「メッセージ1を受け取る」になると、どんなことが起きるでしょうか？　メッセージを送るスプライトの［(メッセージ1)をおくる］のブロックをクリックしてみましょう。どちらのスプライトも「こんにちは！」と言いました。実は「メッセージをおくる」はScratchの中のすべてのものに送られています。この機能でひとつのメッセージでたくさんのスプライトを同時にスタートさせることもできます。

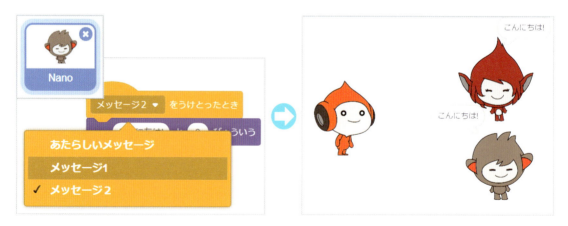

メッセージを使ってみよう

　では、ソラくんとウナちゃんに戻り、さっそくメッセージ機能を使ってみましょう。[みため] グループの [（こんにちは！）と（2）びょういう] ブロックの [こんにちは！] の部分をクリックしてスペースキーを押し、1文字空白にします。このブロックを [ふくせい] してふたつ用意しておきます。ひとつは今まで作ったコードブロックの下につないでおきましょう。

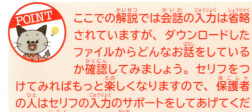

POINT ここでの解説では会話の入力は省略されていますが、ダウンロードしたファイルからどんなお話をしているか確認してみましょう。セリフをつけてみればもっと楽しくなりますので、保護者の人はセリフの入力のサポートをしてあげてください。自分でセリフを考えてもおもしろいですよ。

［イベント］グループの［（メッセージ1）をおくってまつ］というブロックをコードエリアに用意します。［メッセージ1］の横の▼ボタンをクリックし、［あたらしいメッセージ］から新しいメッセージを入力する画面になります。（日本語入力になっていることを確認してから）「ASOBOUYO」と入力しましょう。「あそぼうよ」という新しいメッセージができました。

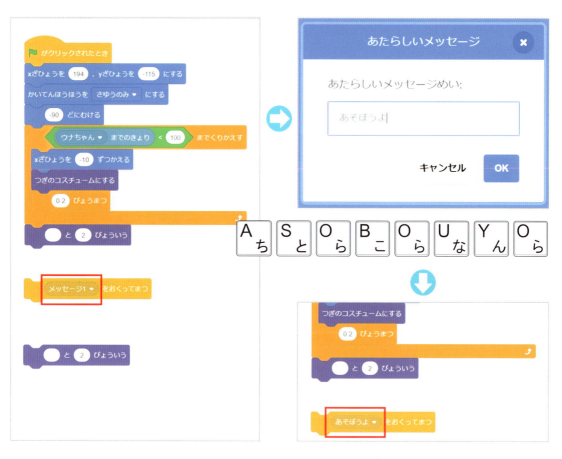

このブロックも今まで作ったコードブロックの下につないで、最後にもうひとつの［○と（2）びょういう］のブロックをつないでおきます。

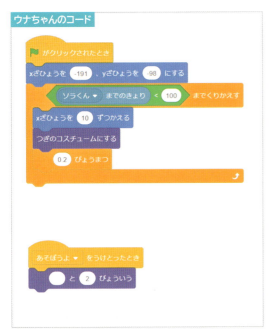

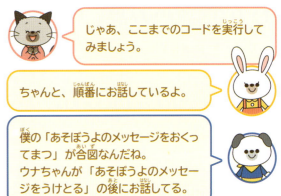

ウナちゃん側は［イベント］グループからソラくんと同じように、［（あそぼうよ）をうけとったとき］というブロックを用意します。［みため］グループから［こんにちは！］を空白にした「〇と（2）びょういう」ブロックも用意します。

［（あそぼうよ）をおくってまつ］のブロックを使うと、メッセージを受け取った相手のコードが終わってからその下につなげたブロックが実行されます。

もし「ふきだし」がうまく出ない人は、［〇と（2）びょういう］ブロックに空白スペースが入っていないかもしれません。もう一度クリックしてからスペースキーを押しましょう。

では、次はふたりが出会って同じ方向に向かうシーンです。ここでも「メッセージ」を使いますよ。［イベント］グループから［（あそぼうよ）をおくる］を持ってきます。▼ボタンを押し［あたらしいメッセージ］を選択。「しゅっぱつ」を作ります。［うごき］グループ［（90）どにむける］のブロックにつなげソラくんを右側に向けましょう。

「しゅっぱつ」のメッセージを送ったらソラくんが歩き始めるようにします。「歩くコード」は一度作っていますので［ふくせい］して使います。

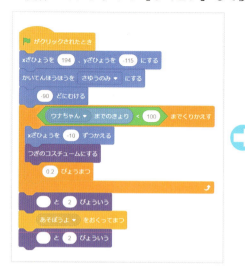

今度はステージの右の端まで歩いてほしいので、コピーしたブロックから［（ウナちゃん）までのきょり＜（100）］のブロックは外してしまいましょう。右に向かうので［xざひょうを（-10）ずつかえる］の数値は「10」にします。［しらべる］グループ［（マウスのポインター）にふれた］のブロックをコードエリアに持っていきます。▼ボタンをクリックすると選べるものの中にある「はし」（ステージの端のことです）を選びます。外した「（ウナちゃん）までのきょり＜（100）」のブロックは使わないので削除するのを忘れないようにしましょう。

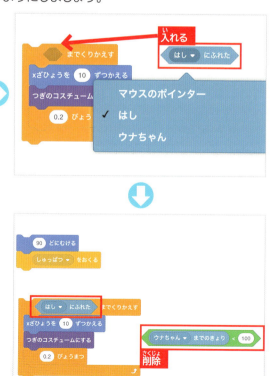

すべてのブロックを右のようにつなぎます。では、ステージの端に到着した時はどうしましょう？　みなさんが発表会などで舞台の上にいる時を想像してみましょう。場面が変わる時は、舞台の端に隠れて次の場面の準備をしますよね。

　なので、端に着いたら［みため］グループ［かくす］のブロックを最後につなげて、ソラくんにも一度ステージから隠れて次の場面にいく準備をしてもらいましょう。

ウナちゃんのコードでは、［イベント］グループ［（しゅっぱつ）をうけとったとき］のブロックをコードエリアに用意しましょう。

「しゅっぱつ」のメッセージを受け取ったら、ウナちゃんにも歩き始めてもらいましょう。ソラくんの時と同じように「歩くコード」は［ふくせい］をして使います。

ウナちゃんのコードエリアにも［しらべる］グループ［（マウスのポインター）にふれた］のブロックを持ってきます。▼ボタンをクリックして［はし］を選びます。このブロックを［〇までくりかえす］のブロックの中の［（ソラくん）までのきょり＜（100）］のブロックと入れ替えます。

［（ソラくん）までのきょり＜（100）］のブロックは削除しておきましょう。［（しゅっぱつ）をうけとったとき］のブロックを「ふくせい」した「歩くコード」につなぎます。

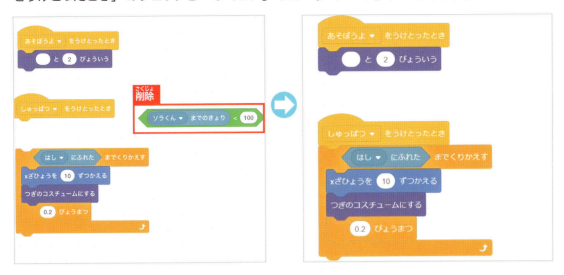

ソラくんと同じように、［みため］グループの［かくす］ブロックをつないで、次の場面へいく準備をします。最後にウナちゃんには「次の場面」を始めるためのメッセージを送ってもらいましょう。［（あそぼうよ）をおくる］のブロックを用意して［あたらしいメッセージ］を選びます。新しいメッセージ「おはなばたけへ」を作ってその下につなげましょう。

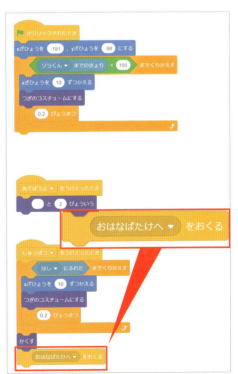

メッセージはすべてのものに送られています。それはスプライトだけでなく、背景にも送られているのです。ここで背景のコードも作っていきましょう。[ステージ]をクリックし、背景のコードエリアを表示します。このアニメーションが始まる時の背景は[まち]でしたね。[イベント]グループの[🏳 がクリックされたとき]と[みため]グループから「はいけいを（まち）にする」をコードエリアに持ってきてつなげます。

　そして、[イベント]グループ[（あそぼうよ）をうけとったとき]のブロックをコードエリアに持っていきましょう。メッセージの横の▼ボタンをクリックして「おはなばたけへ」に変更します。このメッセージを受け取った時に、背景がすることは「背景をお花畑にする」ことですね。[みため]グループから、もう一度[はいけいを（まち）にする]のブロックを「まち」から「おはなばたけ」にし、コードエリアに持ってきて[（おはなばたけへ）をうけとったとき]につなげましょう。

3-4 お花畑の場面を作ろう

場面が変わったあとのアニメーション

　お花畑では、「画面の真ん中まで歩いてきて」「海を見つけて」「お話して」「画面の右側まで走っていく」というアニメーションを作っていきます。まずは、お花畑のステージにふたりに登場してもらいましょう。登場するのはステージの左側からにします。登場するタイミングは「おはなばたけへ」を受け取った時です。

　ソラくんがまずステージに登場して、真ん中に向かって歩いていくところまでコードを作ります。「おはなばたけへ」を受け取った時、ソラくんのスプライトを画面の左下の位置のちょうどよい場所にマウスで動かしたいですが、ソラくんは隠れていて見えません。

　こんな時に便利なのが、スプライトリストの上のこのマークです。目のマークをクリックしてみましょう。ソラくんが見えるようになりました。このマークをクリックすることで、一時的に隠れているスプライトを表示させることができます。

ソラくんをステージ左下の位置に移動して、お花畑の場面でのスタート位置を決めます。この時に、ソラくんのスプライトがステージの端に触れないようにしてください。

［イベント］グループの［（おはなばたけへ）をうけとったとき］ブロックの下に［うごき］グループから［xざひょうを〇、yざひょうを〇にする］のブロックをつなぎます。今のソラくんの座標を入力してスタート位置とします。その次に［みため］グループの［ひょうじする］ブロックをつなげておきましょう。今はスプライトの表示マークで一時的にソラくんが見えているだけなので、このブロックをつなげておかないと、［まち］の場面からソラくんは隠れたままになってしまいます。

［みため］グループ［（こんにちは！）と（2）びょういう］ブロックの「こんにちは！」の部分をクリックしてスペースキーを押し、空白スペースを入れます。

次に、ステージ真ん中まで歩く部分を作ります。「歩くコード」をここでも [ふくせい] します。[しらべる] ブロックは「歩くコード」を止めるタイミングを調べます。今回はステージの左側から登場するので、[(はし) にふれたまでくりかえす] ブロックの [(はし) にふれた] 部分を外し削除。外した部分には [えんざん] グループの [○>（50）] ブロックを入れ、左に [うごき] グループの [xざひょう] を埋め込み、[(xざひょう) >（0）までくりかえす] ブロックにします。

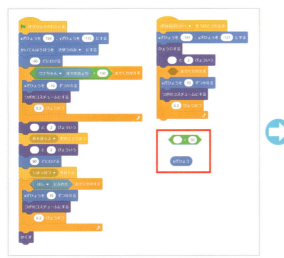
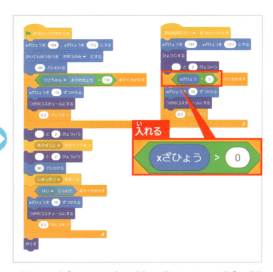

ステージの真ん中より左はx座標がマイナス0より小さい数です。真ん中に向かうほど数が大きくなります。不等号の向きに注意してください。「真ん中」＝「x座標が0より大きくなる」まで歩くということです。つまり、x座標が0より小さいうちは歩く、と同じ意味です。「x座標0」＝「画面の左右の真ん中」を意味します。ここで「x座標＝0までくりかえす」にしてしまう人が（大人でも）多いのですが、そうすると厳密に座標が0ピッタリの時にしか作動しません。つまり、歩幅が合わないとスキップされ、実行されないため注意！ 一度、今作った [(おはなばたけへ) をうけとったとき] のソラくんのコードをクリックして実行してみましょう。スプライトリスト上のx座標に注目してください。0より大きくなったタイミングでソラくんは止まりました。

次はウナちゃんのコードです。同じように画面の左端から登場してもらいます。メッセージ［（おはなばたけへ）をうけとったとき］の下に、スタート位置を決めるため［xざひょうを○、yざひょうを○］のブロックをつなぎます。ウナちゃんも隠れたままなので「表示・非表示」のマークをクリックして見えるようにします。ステージ左下の位置に移動して、お花畑の場面でのスタート位置を決めます。ステージの端にウナちゃんの体が触れないように気をつけてください。ウナちゃんには少し後で登場してほしいので［せいぎょ］グループの［（1）びょうまつ］ブロックを「（2）びょう」に変更してつなぎます。その後に［みため］グループの［ひょうじする］でステージに登場します。

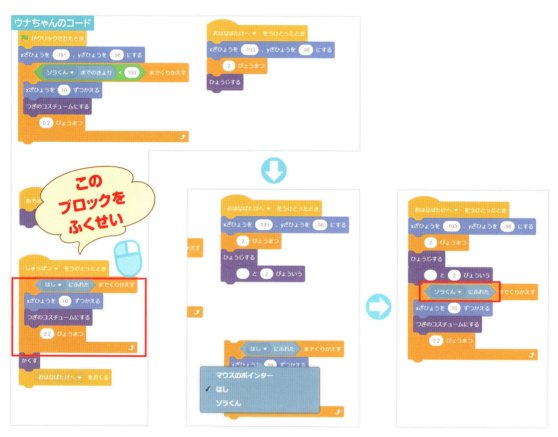

ソラくんと同じように［みため］グループの［○と（2）びょういう］のブロックをつなげて、何かお話してからステージの真ん中に向かって歩くシーンを作ります。ソラくんと同じ位置まで歩いてくるとふたりが重なって見えにくくなってしまいます。ウナちゃんにはソラくんにぶつかったらストップしてもらいましょう。

「歩くコード」を［ふくせい］します。左から右へ向かうので、［（しゅっぱつ）をうけとったとき］ブロックを［ふくせい］すると簡単そうです。［しらべる］ブロックの［（はし）にふれた］を［（ソラくん）にふれた］に変えてコードブロックにつなぎましょう。

では緑の旗のマークをクリックして、思った通りに動いてくれているか確認しましょう。アニメーションの一番最初からはじまります。

　もしかしたら、ウナちゃんが歩きはじめてすぐに止まってしまう人がいるかもしれません。なぜでしょう？　それは、ウナちゃんの「歩くコード」を止めるタイミングが「ソラくんにふれたとき」になっていることが関係します。

　ウナちゃんがステージに登場する時にソラくんとの距離が離れていない場合、ソラくんが真ん中に着く前にウナちゃんがソラくんに触れてしまうからです。そんな時は少しウナちゃんに出てくるタイミングを待ってもらいましょう。［ひょうじする］ブロック上の　　　　　　　　　　　のブロックの数字を少し大きな数（例えば3）にしてあげれば大丈夫です。

　思った通りにプログラムが動いたら、続きのコードを作りましょう。

コードを改造して歩く動作を走る動作に

　サンプルのプログラムを確認してもらうとわかるのですが、この時ソラくんは走っています。走る場面を作りましょう。［○と（2）びょういう］のブロックを［ふくせい］します。その後に次の場面にいくために、画面の右側まで速く移動します。「歩くコード」をここでも［ふくせい］します。右側まで移動させるため［○までくりかえす］ブロックの「まで」部分はステージ端ですね。［（しゅっぱつ）をおくる］より下のブロックを［ふくせい］すると簡単そうです。［（おはなばたけへ）をうけとったとき］ブロックにつないでいきます。

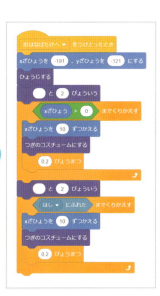

ここで「歩くコード」を改造します。[xざひょうを（10）ずつかえる]のブロックはスプライトの1歩の幅をあらわしています。この数字を大きくすると、1歩でより遠くに、私たちでいうと大股で歩いている状態になります。[xざひょうを（15）ずつかえる]に変更してみましょう。さらに、[（0.2）びょうまつ]ブロックを[（0.1）びょうまつ]に変更します。次の1歩までの時間が短い、というのを私たちの場合で考えると、早く次の1歩を出す……つまり走っている時と同じですね！　このように、新しいコードブロックを作らなくても、少し改造することで違った動きに見せることもできます。

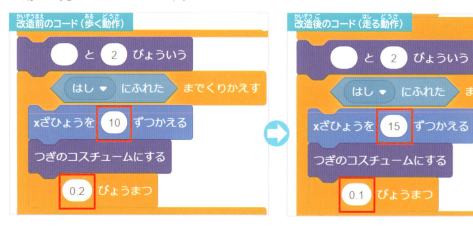

　ソラくんがステージ右端に着いたら、[みため]グループ[かくす]のブロックで次の場面にいく準備をします。ここで、一度止まってしまったウナちゃんにも来てもらうために新しいメッセージを送ります。[イベント]グループ[（あそぼうよ）をおくる]で[あたらしいメッセージ]を選んで「HAYAKUOIDE」と入力します。「はやくおいで」という新しいメッセージができました。[（はやくおいで）をおくる]をこのコードの最後につなげておきましょう。

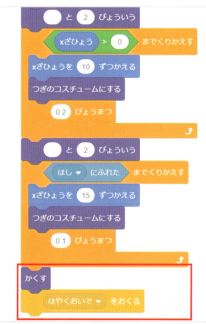

ウナちゃんは「はやくおいで」を受け取って、ステージ右側に向かってもう一度歩きはじめるようにします。[イベント] グループ [(はやくおいで) をうけとったとき] のブロックをコードエリアに用意して、その下に「歩くコード」を [ふくせい] してつなぎます。止まるタイミングは「はしにふれたとき」にするので [くりかえし] ブロックの中の [しらべる] ブロックは [(はし) にふれた] のものを使うと便利です。

　ステージ端に着いたら [かくす] のブロックで次の場面にいく準備をします。ここで、ウナちゃんは場面を切り替えるためのメッセージを送るので、もうひとつ新しいメッセージを作ります。[イベント] グループ [(あそぼうよ) をおくる] で [あたらしいメッセージ] を選んで、「UMIHE」と入力。[(うみへ) をおくる] ブロックを最後につないだら、お花畑の場面は完成です。

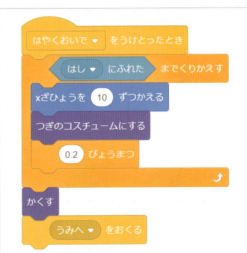

3-5
海の場面を追加しよう

新しいスプライトの追加

緑の旗のマークをクリックして、ここまでのアニメーションが思った通りに動いているか確認してみましょう。海の背景はまだ用意できていませんでしたね。今までのおさらいのために海の場面を作っていきましょう。

ソラくん、走っていっちゃったね。

お花畑に背景を切り替えた時のように、今度は海の背景にメッセージを送って切り替えるんだね！

そうね、海にいるカニさんのスプライトも追加して登場してもらおうかしら。

背景の追加はもうバッチリですか？　海の背景も素材フォルダの中にある［Chapter3］→［そざい］フォルダの中に片づけられています。［うみ］の背景を追加しましょう。そして海にはいろんな生き物がいます。今回はカニさんが登場します。［カニさん］のスプライトも［うみ］と同じ［そざい］フォルダに片づけられています。［カニさん］のスプライトも追加しましょう。素材が用意できたので、海の場面のコードを作っていきましょう。

メッセージ機能のおさらい

　追加した［うみ］の背景に切り替えるのはどのタイミングでしょう？　メッセージ［うみへ］を受け取った時ですね。そこで、背景のコードを追加しましょう。背景をクリックして背景のコードエリアに移動します。［イベント］グループの［（あそぼうよ）をうけとったとき］ブロックを［（うみへ）をうけとったとき］にして、［みため］グループ［はいけいを（背景1）にする］のブロックを［はいけいを（うみ）にする］に変更して下につなぎます。

 カニさんは海に着いてから登場してほしいから、出てくるタイミングはいつになるかな？

　アニメーションがはじまる時は背景が［まち］なので、カニさんには隠れていてもらいましょう。カニさんのスプライトをクリックしてカニさんのコードエリアに移動します。

　アニメーションのスタートは「緑の旗がクリックされたとき」なので、［イベント］グループの［🏁がクリックされたとき］ブロックをコードエリアに用意して、［みため］グループの［かくす］ブロックをつなげましょう。登場してほしいのは場面が［うみ］になったタイミングですので、［イベント］グループの［（あそぼうよ）をうけとったとき］を［（うみへ）をうけとったとき］に変えて、ブロックの下に、［みため］グループ［ひょうじする］ブロックをつなげます。

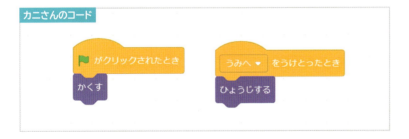

ソラくんとウナちゃんにも海に来てもらうようにコードを追加しましょう。お花畑の時と同じようにステージ左側から登場するので、スタート位置は［おはなばたけへ］の時のコードと同じです。

　なので、コードの一部をここでも［ふくせい］して使いましょう。違うのは「うけとるメッセージ」ですね。［ふくせい］したブロックの一番上は［（うみへ）をうけとったとき］に変更し、［○までくりかえす］ブロックに入れられた［（xざひょう）＞（0）］ブロックは外して削除します。

　［○までくりかえす］より下のブロックは削除します。今度はステージのカニさんのところまで歩いてきてほしいので、「歩くコード」を止めるタイミングとなる［○までくりかえす］ブロックに入るのは、［しらべる］グループの［（カニさん）にふれた］です。［しらべる］ブロックの中から［（マウスのポインター）にふれた］ブロックの▼ボタンをクリックし、［（カニさん）にふれた］ブロックを［○までくりかえす］に埋め込みます。

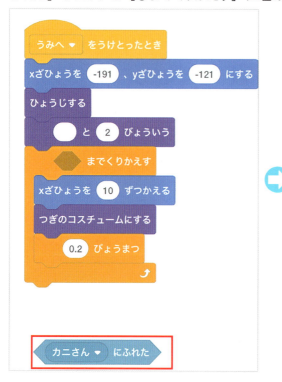
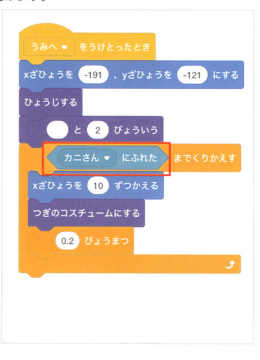

ウナちゃんも［おはなばたけへ］の時のコードを［ふくせい］して使いましょう。違うのは「うけとるメッセージ」ですので、［（おはなばたけへ）をうけとったとき］ブロックを［（うみへ）をうけとったとき］に変更します。

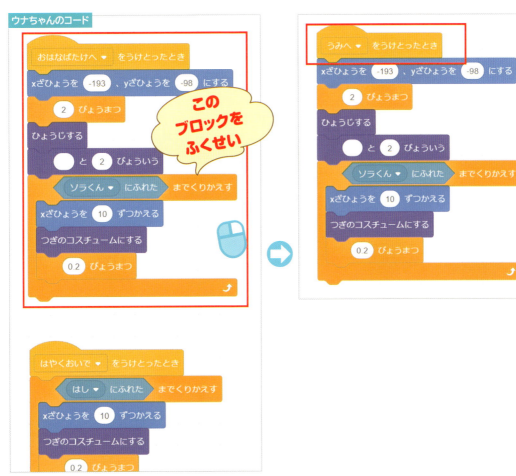

カニさんとソラくんがぶつかった時

ソラくんのコードで、カニさんとぶつかった時に歩くのを止めるようにしましたね。せっかくなので、カニさんにぶつかった時、何かが起こるコードを考えてみましょう。［せいぎょ］グループの［〇まで まつ］のブロックをコードエリアに用意。次に［しらべる］グループの中から［（マウスのポインター）にふれた］ブロックの▼ボタンをクリックして［（ソラくん）にふれた］に変更します。

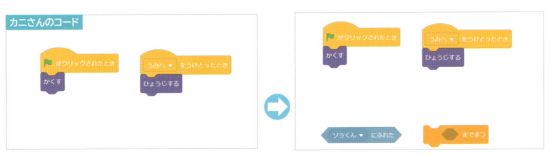

カニさんは今のままでは海の場面で登場してから何もアクションをしません。さきほど用意したこのブロックの形、もうみなさんわかりますね？　[〇までまつ]のブロックに埋め込みましょう。[（ソラくんに）ふれたまでまつ]というブロックができました。[ひょうじする]ブロックの下につなぎます。

　この下につながるブロックが「ソラくんがふれたとき」のカニさんのアクションになります。[うごき]グループ[（1）びょうでxざひょうを〇に、yざひょうを〇にかえる]をコードエリアにふたつ持っていきます。ちょうどカニさんのスプライトを選択していると、カニさんがいる座標になっていると思います。ふたつとも「0.1秒」に変更して、ひとつはx座標を現在の数字から10少なくします。

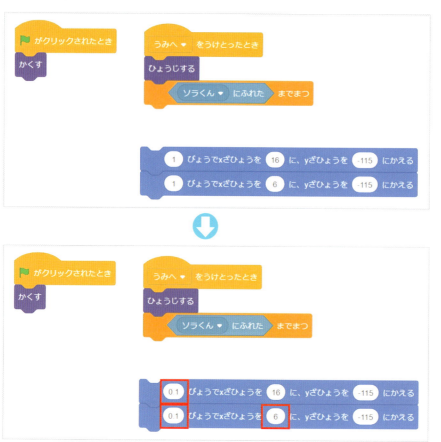

このふたつのブロックの動きは、「左に10移動→元の位置に戻る」ということになります。試しに何回かこのふたつのブロックをクリックして動きを確認してみましょう。カニさんが左右に動いているように見えます。

　［せいぎょ］グループから［（10）かいくりかえす］のブロックをコードエリアに用意して［（5）かいくりかえす］に変更します。［（0.1）びょうでxざひょうを〇に、yざひょうを〇にかえる］のブロックをふたつ中に入れましょう。一度、このコードをクリックしてカニさんがどのように動くか見てみましょう。

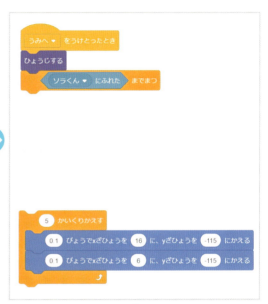

　そして、［（ソラくん）にふれたまでまつ］のブロックの下につなげましょう。

　ここまで作れたら、緑の旗のマークをクリックして、アニメーションが最初から思った通りに動いているか確認してみましょう。コードを作り忘れて、町の中にカニさんがいる人はいませんか？

　これで、アニメーションの動きの部分は完成です。

3-6
音楽をつけてみよう

音の素材を追加しよう

せっかくだからアニメに音楽をつけてみましょう。

まずは使いたい音楽をScratchの音のライブラリから探してみましょう。[ステージ]を選択して[おと]タブを選択します。

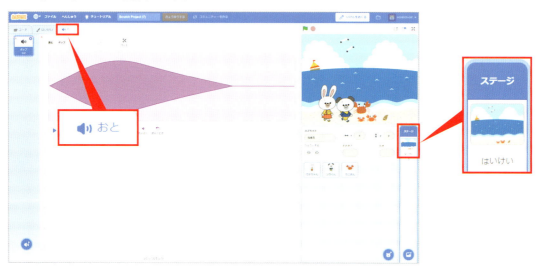

画面左下の[おとをえらぶ]をクリックすると、音ライブラリの画面に移動します。この中から好きな音楽を選びましょう。クリックすることで自分のプログラムの中に持ってくることができます（ここではXylo3を使用しています）。[Loops]のグループから選ぶのがオススメです。

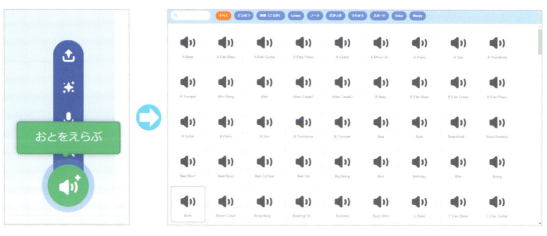

おとグループのブロック

［コード］タブをクリックして、［イベント］グループ［ がクリックされたとき］ブロックを用意します。ずっと音楽をならせていたいので［せいぎょ］グループ［ずっと］のブロックもコードエリアに持っていきます。ここで［おと］グループの［おわるまで(ポップ)のおとをならす］ブロックを［ずっと］の中に入れます。「ポップ」の部分がライブラリから持ってきた音の名前になっているか確認。なっていない時は▼ボタンで選択します。

［おと］ブロックにもいろんな仲間があります。すべてをこの本では説明できませんが、いろんなブロックをぜひ試してみてください。では、緑の旗をクリックしてアニメーションが動くのを確認しましょう。音楽もなって、最後までアニメーションが動いた人は完成です！
　今回はスプライトのセリフをすべて空っぽにして吹き出しだけにしましたが、ローマ字入力ができる人は、セリフをつけたり増やすこともできますね。背景を切り替える方法もわかったので、自分の好きな背景を使ってどんどんオリジナルのアニメーション作りを楽しんでください。

④ 迷路脱出ゲームを作ろう

いよいよ、簡単なゲームを作ってみよう。
迷路から無事脱出できるかな？

4-1 ゲームのルールを作ろう 095
4-2 素材を用意する 096
4-3 操作するプレイヤーを作ろう 098
4-4 敵キャラクター「ハチ」を作ろう 106
4-5 ゲームオーバー・ゴール時の表示 110

覚えられること…
条件分岐で当たり判定

4 迷路脱出ゲームを作ろう

プログラムを作る時、とてもよく使う「もし〇なら」というブロックを使って迷路脱出ゲームを作ります。このブロックは今までのブロックと何が違うのでしょうか？

どうがでかくにん！

まずはゲームの完成した状態を動画で確認します。どんなルール、どんなスプライトがいるかなどに注目してみてください。

4-1 ゲームのルールを作ろう

今回のゲームの基本的な設計

ゲームを作る時には「どういったルールにするか」をきちんと整理しておく必要があります。動画の中でどのようなルールがあったのかを書き出してみましょう。

●迷路ゲームのルール

- パソコンの矢印キーを使ってキャラクターを動かす。
- 迷路の壁はすり抜けられない。
- 迷路の途中でハチが邪魔してくる。ハチに当たるとゲームオーバー。
  → 「GAME OVER」の文字が表示される。
- ゴールに着いたらゲームクリア。「GOAL」の文字が表示される。

●ゲームに必要なものを整理する

背景

スプライト

迷路が描かれた背景　❶プレイヤー　❷ハチ　❸GAME OVERの文字　❹GOALの文字

それぞれのスプライトの動きも一度整理してみましょう。

- プレイヤー
  - ・キーボードの矢印キーで操作する。
  - ・ハチに触れるとゲームオーバー。
  - ・壁をすり抜けることはできない。
  - ・ゲームオーバーになると動けなくなる。
- ハチ
  - ・プレイヤーがゴールに近づいてくると現れて左右に動く。
  - ・しばらくすると隠れる。
- GAME OVERの文字
  - ・プレイヤーがハチにあたると表示する。
- GOALの文字
  - ・プレイヤーがゴールに着いたら表示する。

4-2 素材を用意する

プレイヤーのスプライトを用意

　必要なスプライトや背景が理解できました。ここからはScratchで実際にゲームを作っていきましょう！　まずは必要なスプライトを準備します。ダウンロードした4章素材フォルダ［Chapter4］→［そざい］フォルダを使用します。

　使いたい画像をScratchに持ってくる手順はもうバッチリですか？　歩くソラくんのスプライトは［そざい］→［あるく］フォルダに［ソラくんあるく1］、［ソラくんあるく2］というファイル名で入っています。コスチュームを追加する時は画面を［コスチューム］に切り替えるのも忘れないでくださいね。歩くソラくんのスプライトが追加できたら、今回はソラくんのスプライトの大きさを「20」に変更しておきましょう。これ以上大きな数だと、ソラくんが大きすぎて迷路の中を動くことができなくなってしまいます。

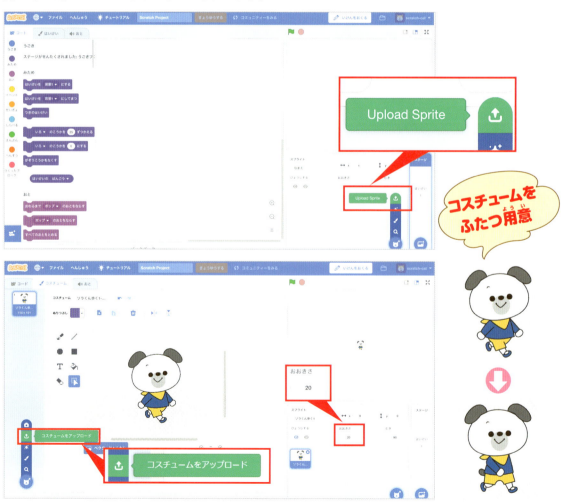

4　迷路脱出ゲームを作ろう

背景を用意しよう

　スプライトと同じように、迷路の背景もScratchの中に用意します。[めいろ]という画像も[そざい]フォルダの中に片づけられています。[はいけいをえらぶ]ボタンにマウスカーソルをあわせ[はいけいをアップロード]を選択。[Chapter4] → [そざい] フォルダから [めいろ] の背景をアップロードします。

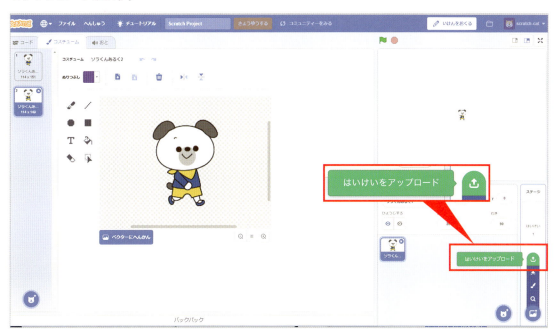

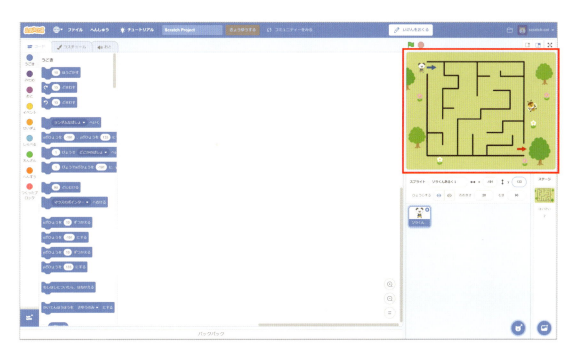

4-3 操作するプレイヤーを作ろう

スタート位置を決める

いよいよゲームのコードを作っていきます。まずはプレイヤーから作っていきます。ゲームの始まりは「緑の旗がクリックされたとき」にしたいので、［イベント］グループから［🏁がクリックされたとき］をふたつコードエリアに持ってきましょう。緑の旗をクリックした時、ソラくんには迷路のスタート位置でスタンバイしてもらいます。マウスでステージのソラくんをスタート位置に移動させたら、［xざひょうを〇、yざひょうを〇にする］のブロックをコードエリアに持っていきます。スタート位置のソラくんの座標を確認しましょう。

ソラくんが歩いているように見せるコードとして、もうひとつの［🏁がクリックされたとき］の下に、［ずっと］の中に［(0.2)びょうまつ］と［つぎのコスチュームにする］を入れ、つなげます。

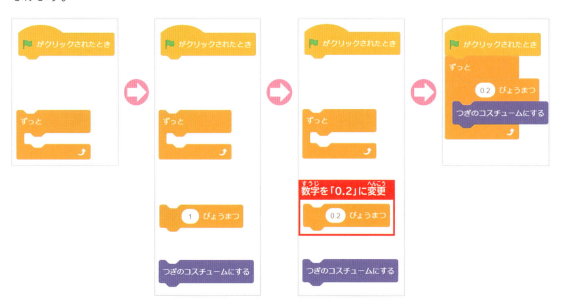

キーボードの入力でプレイヤーを動かす

　キーボードの矢印キーをコントローラーにして、プレイヤーを動かすコードを作ります。Scratchはどうやって「キーボードが押されたか」がわかるのでしょうか？　ここでは3章でも登場した［しらべる］グループのブロックが活躍します。まずは、右向き矢印のキーを押した時、ソラくんが右に歩いていく仕組みを考えます。

　［しらべる］グループから〈スペース▼キーがおされた〉をまずコードエリアに持ってきましょう。

　［スペース］の横にある▼ボタンをクリックすると、選べるものがたくさん表示されます。キーボードにあるA～Zと数字の1～9、そして上下左右の矢印キーとスペースキー、あとはどれでも好きなキーをという意味の［どれかの］が選べるようになっています。右向き矢印キーを押した時のコードを作りたいので［みぎむきやじるし］を選びます。

このブロックは、ほかのブロックと組み合わせて使えるブロックよね。ここで「もし○なら」のブロックの出番なのよ。

そして、ここで初登場の［せいぎょ］グループの［もし○なら］のブロックです。このブロックの「もし」の後をよく見てみましょう。さっきの［（みぎむきやじるし）キーがおされた］がぴったり入る形になっています。さっそく埋め込んでみましょう。

すると、［もし（みぎむきやじるし）キーがおされたなら］というブロックができました。［もし○なら］のブロックはこのようにほかのブロックと組み合わせて「この場合はこちらのコードを実行する」という場合分けをして、実行するコードを分けることができるブロックなのです。

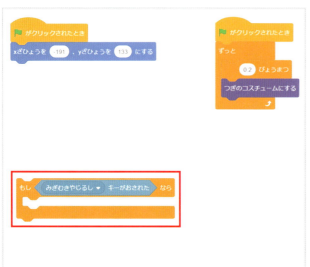

このブロックで説明すると、「右向き矢印キーが押された時だけ」このブロックの内側のブロックは実行されます。押されていなければ、中のブロックは無視されて次のブロックを実行します。

［もし（みぎむきやじるし）キーがおされたなら］の中に、［うごき］グループの［xざひょうを（10）ずつかえる］の数値を「3」にして入れます。「右向き矢印キーが押された時だけx座標を今の座標から3つ動かす」、ということです。「右向き矢印キーが押されていない時」は中のブロックは実行しない＝何もしない、とアクションを分けることができます。これをスタート時の位置のコードにつなぎます。

これで、緑の旗をクリックした時には右に3動かすブロックができたんだね！ ……あれ？ 動かない。足ぶみだけしている。

先生、私のも動かない。

ふたりとも、プログラムは「上から順番に実行」することを忘れてない？

4 迷路脱出ゲームを作ろう

緑の旗をクリックした時は、ここまでのコードブロックが上から順番にすごく早いスピードで実行されて「もし右向き矢印キーが押された時」の条件を「押されていない＝動かさない」と判断してコードが終わってしまっている状態となっています。ゲームでは右向き矢印キーを押したり、離したりを何度もくりかえしてプレイヤーを操作するので、ゲームの間ずっと「もし右向き矢印キーが押された時かどうか」を調べ続けないといけません。

「ずっと」のブロックが必要なんだ！

正解！！

　［もし（みぎむきやじるし）キーがおされたなら］のブロックを ずっと ブロックの中に入れます。右向き矢印キーを押して、プレイヤーが動くことを確認しましょう。

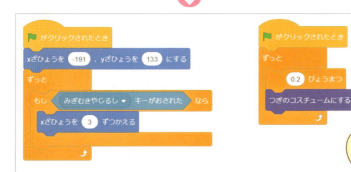

右向き矢印を押したときに動くようになった！

やったぁ！！　動いた！！

まだ右向きの矢印だけだけどね……。
あれ？　先生、迷路の壁をすり抜けちゃうよ。

101

壁をすり抜けないようにしよう

　プレイヤーがキーボードで動かせるようになりましたが、今はまだ壁をすり抜けてどこにでも行ってしまいます。プレイヤーに「壁がある」ということを知ってもらって「壁はすり抜けない」というコードを作る必要があります。では、どうやってプレイヤーに壁があることを知ってもらいましょうか？

　今回の迷路の壁は全部同じ色でできています。［しらべる］グループの［〇いろにふれた］ブロックと［せいぎょ］グループの［もし〇なら］ブロックを組み合わせて「もし（壁の）色に触れたなら」というブロックを作ったら、（壁の色に）触れた時（＝壁に当たった時）に「すり抜けないためのコードを実行」という場合分けができそうです。

　［〇いろにふれた］ブロックの色の部分をクリック（ここではピンク）。「いろ」「あざやかさ」「あかるさ」という色を操作できる画面が出てきました。ここでは背景の中から迷路の壁の色を指定するので、スポイトのマークをクリックします。

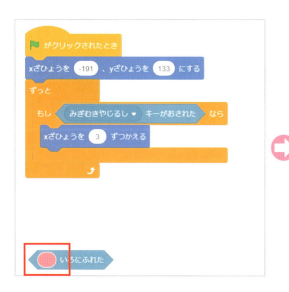

どうがでかくにん！

　［〇いろにふれたとき］のブロックはちょっと変わったブロックです。上手に使うためのコツを動画で確認してみましょう。

4　迷路脱出ゲームを作ろう

すると虫めがねのようになり、壁の上でクリックするとブロックに壁の色が反映されます。

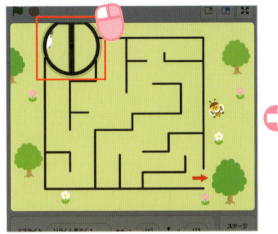 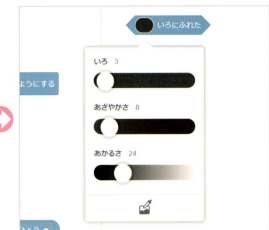

［もし○なら］のブロックに［○いろにふれた］ブロックを埋め込みます。［もし○いろにふれたなら］のブロックを［もし（みぎむきやじるし）キーがおされたなら］の中の［xざひょうを（3）ずつかえる］の下につなげます。この中に［xざひょうを（-3）ずつかえる］を入れます。

この色ですり抜けなくなる

POINT ここでのコードの解説

右向き矢印キーが押されている？ （いいえ）何もしない
　　　　　　　　　　　　　　　　（はい）x座標を3動かす
　　　　　　　　　　　　　　　　　　→壁に触れている？→（いいえ）何もしない
　　　　　　　　　　　　　　　　　　　　　　　　　　　　（はい）x座標を-3動かす

ということをくりかえしています。壁に触れている時は「進んだ分を戻す（-3動かす）」ことで壁をすり抜けられないようにしています。

このブロックを3つ［ふくせい］して、ほかの矢印キーも作りましょう。

■左向き矢印キーを押した場合

左向き矢印キーが押されている？

（いいえ）何もしない

（はい）x座標を-3動かす→壁に触れている？（いいえ）何もしない

　　　　　　　　　　　　　　　　　　　　（はい）x座標を3動かす

 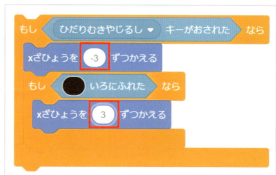

■上向き矢印キーを押した場合

上向き矢印キーが押されている？

（いいえ）何もしない

（はい）y座標を3動かす→壁に触れている？（いいえ）何もしない

　　　　　　　　　　　　　　　　　　　　（はい）y座標を-3動かす

 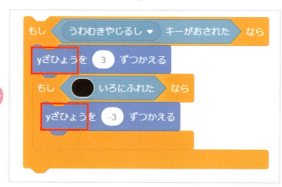

■下向き矢印キーを押した場合

下向き矢印キーが押されている？
（いいえ）何もしない
（はい）y座標を-3動かす→壁に触れている？（いいえ）何もしない
　　　　　　　　　　　　　　　　　　（はい）y座標を3動かす

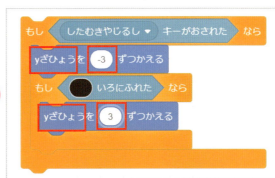

左の図のコードになるようにします。左・上・下のブロックを「ずっと」ブロックの中に入れます。ここまでのコードを確かめてみましょう。左右のキーを押した時、プレイヤーの向きを変えたい時は、右向き矢印に［（90）どにむける］、左向き矢印に［（-90）どにむける］を追加するとプレイヤーの向きが変わります。3章のようにプレイヤーが逆さまにならないように、［かいてんほうほうを（さゆうのみ）にする］もつけましょう。これでプレイヤーのスプライトがする動きのうち、

■キーボードの矢印キーで操作する。
■壁をすり抜けることはできない。

ができました。

POINT もし、動かない場合はプレイヤーのスタート位置がすり抜けられない壁に触れているからかも。スタート位置を調整してみましょう。

4-4 敵キャラクター「ハチ」を作ろう

ハチのスプライトを用意する

まずはハチのスプライト、[ハチさん]を用意します。迷路の背景と同じ4章の[そざい]フォルダの中に用意してあります。ステージにハチがいるのを確認できましたか？ ハチを出現させたい場所にマウスで移動させます。ゲームがスタートした時にハチのコードもスタートしたいので、[🚩がクリックされたとき]のブロック、そして[xざひょうを ○、yざひょうを○にする]のブロックに今のハチのx座標、y座標を入力して、つなげておきましょう。

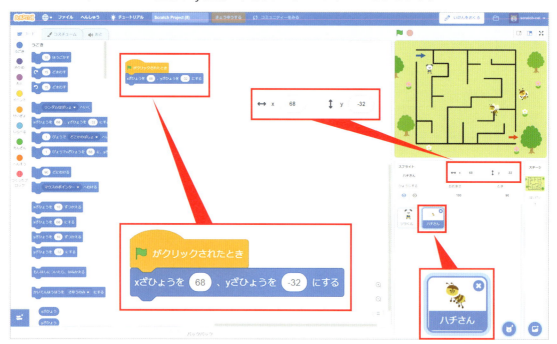

もう一度、ハチの動きを確認してみましょう。
■プレイヤーが近づいてくると現れて左右に動く。
■隠れる。

このふたつをランダム（不規則）にくりかえします。

プレイヤーが近くにきたら？ 3章の「お互いに気づくためのコード」を参考に考えてみましょう。プレイヤーが近づいてくると現れるので、ゲームの最初にはハチは隠れています。なので[かくす]のブロックで隠れてもらいましょう。

4 迷路脱出ゲームを作ろう

プレイヤーが近づいたかどうかを調べよう

ハチはプレイヤーが近くに来るまでは隠れたままです。プレイヤーが近づいてきたかどうかを調べて、近づいてきたタイミングで登場します。［しらべる］グループから［(マウスのポインター)までのきょり］ブロック、［えんざん］グループの［○＜(50)］ブロックを組み合わせて［(ソラくんあるく1)までのきょり＜(50)］というブロックを作ります。「せいぎょ」グループの［もし○なら］に［(ソラくんあるく1)までのきょり＜(50)］のブロックを当てはめます。

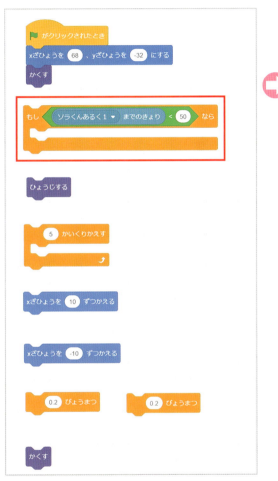

プレイヤー（ソラくん）とハチの距離が50より小さい状態ならハチに登場してほしいので、このブロックの中に［ひょうじする］ブロックを入れましょう。ここの数字は50でなくても大丈夫です。もし、数字を大きくすれば、ソラくんまでの距離が離れていてもハチは姿を現します。小さくすると、とても近づかなければ姿を現しません。そのほかのブロックも図のようにつなげます。

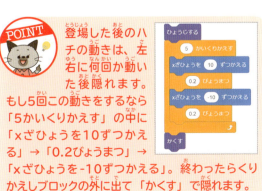

POINT 登場した後のハチの動きは、左右に何回か動いた後隠れます。もし5回この動きをするなら「5かいくりかえす」の中に「xざひょうを10ずつかえる」→「0.2びょうまつ」→「xざひょうを-10ずつかえる」。終わったらくりかえしブロックの外に出て「かくす」で隠れます。

ランダムにくりかえす

　決まった時間待って表示するのであれば、今まで出てきたブロックで作れそうですが「ランダム」となるとどうしたらよいでしょう？　安心してください、ちゃんとランダムにするための仕掛けもScratchには用意されています。

　[えんざん] グループにある [〇から〇のらんすう] というブロックです。「らんすう」というのは聞きなれない言葉ですが、「サイコロを振った時に出る目」のように順番がなく、次に何が出るかわからない数のことです。たとえば左に1、右に10となっていると「1から10までのらんすう」となり「1から10までの間で次にどんな数字が出るかわからない数」というものができます。このブロックの命令を実行するたびに「1から10までのどれか」は毎回違うのです。そして、このブロックは [〇びょうまつ] のブロックの中に当てはめることができるのです！

　ここでは、数値を [(1) から (4) までのらんすう] にし、[(1) びょうまつ] へ埋め込み、[(1) から (4) までのらんすうびょうまつ] というブロックを作ります。

　これらを [ずっとくりかえす] のブロックの中に入れます。[もし〇なら] の中ではないので注意。[🚩がクリックされたとき] ブロックにつないでコードを完成させましょう。

ハチの表示がふきそくになるよ！

ここまでのコードを実行して確認してみよう

　ソラくんが遠いうちは、ハチは何秒待っても出てきません。ソラくんとの距離が50より近くなるとハチは「1秒から4秒の間で」「現れて左右に動く」→「隠れる」を繰り返します。これで、ハチのコードは完成です。

> ハチとぶつかった！

> 邪魔するキャラクターが出てくると、ゲームらしくなってきたね。

> まだゲームに足りないところをもう一度確認してみよう。

■スプライト
　GAME OVERの文字
　GOALの文字

それぞれのスプライトの動きも一度整理してみましょう。

■プレイヤー
- ☑ キーボードの矢印キーで操作する。（できた）
- ☑ 壁をすり抜けることはできない。（できた）
- ☐ ハチに触れるとゲームオーバー。
- ☐ ゲームオーバーになると動けなくなる。

■ハチ
- ☑ プレイヤーがゴールに近づいてくると現れて左右に動く。（できた）
- ☑ しばらくすると隠れる。（できた）

■ GAME OVERの文字
- ☐ プレイヤーがハチにあたると表示する。

■ GOALの文字
- ☐ プレイヤーがゴールに着いたら表示する。

> 「ハチに触れるとゲームオーバー」はどうやって作るのかしら？

4-5 ゲームオーバー・ゴール時の表示

ハチにぶつかった場合の処理

　当たり判定、などと言われると難しく感じますが「ハチに触れているか」を調べて、「触れた時」に「GAME OVER」というアクションを起こす、と言われたらコードブロックの作り方が想像できる人もいるのではないでしょうか？　緑の旗がクリックされた時→もし○なら（もしハチにふれたなら）→新しいメッセージ「GAME OVER」を作成し、「GAME OVERを送る」。これでハチとぶつかった時のコードが作れます。ソラくんのコードを下のように組み合わせましょう。

「GAME OVER」の文字のスプライトを作る

「GAME OVER」のメッセージを送ったから、受け取るスプライトが必要だね。

メッセージを受け取るのは……「GAME OVER」と書かれた文字のスプライトだ。

　ゲームオーバーのスプライトは、Scratchに用意されている機能を使って自分で作ってみましょう。［スプライトをえらぶ］のマークにマウスを合わせます（クリックはしません）。メニューが上に伸びてきますので、［えがく］を選んでクリックします。新しいスプライトができました。［コスチューム］タブにある機能を使って「GAME OVER」と書かれた文字のスプライトを作っていきましょう。

どうがでかくにん！

　今までは用意された素材を使っていました。ここでは自分でスプライトを描く機能が初登場です。文字のスプライトの作り方を動画で確認してみましょう。

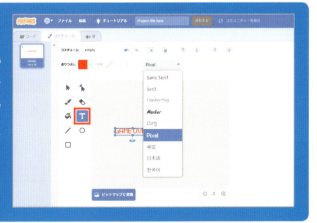

(111)

「T」のマークをクリックし「GAME OVER」と入力。好きな文字の形を選びましょう（画面は「Pixel」を使っています）。文字の大きさを変えるには、一度矢印のマークをクリックしてから描いた文字をクリック。文字が画像のように囲まれますので4隅のひとつにマウスを合わせてドラッグします。

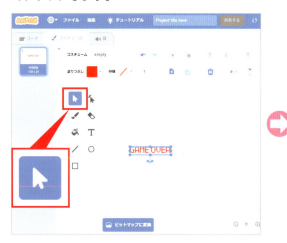

「GAME OVER」の文字のスプライトが完成したら、今度はコードを作りましょう。

まずは「GAME OVER」の文字のスプライトの動作を振りかえります。

■ GAME OVERの文字：プレイヤーがハチにあたると表示する。

となっているので、緑の旗がクリックされて「ゲームが」スタートした時には……見えてはいけませんね！　[みため]グループ[かくす]のブロックをコードエリアに持ってきて[🚩がクリックされたとき]の下につなぎましょう。では、登場するタイミングは？　続いて考えましょう。

112　4　迷路脱出ゲームを作ろう

ハチとプレイヤーがぶつかった時、メッセージが送られてきますよね？［イベント］グループから［(GAME OVER) をうけとったとき］のブロックをコードエリアに持ってきます。このタイミングで表示するので［みため］グループから［ひょうじする］ブロックで下につないでおきましょう。そして、ゲームオーバーになった時はゲームを停止したいので、［せいぎょ］グループの［とめる（すべて）］のブロックでプログラム全体を止めてしまいましょう。

「GOAL」の文字のスプライトを作る

ゴールのスプライトもゲームオーバーのスプライトと同じように［えがく］から作ります。「T」のマークをクリックし「GOAL」と入力。好きな文字の形を選びましょう（ここでは「Pixel」）。では「GOAL」のスプライトコードを考えてみます。表示されるタイミングは

- GOALの文字：プレイヤーがゴールに着いたら表示する。

となっています。Scratchにどうやって「ゴールした」ことを調べてもらいましょう？

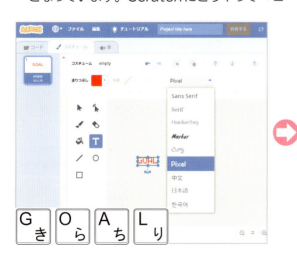
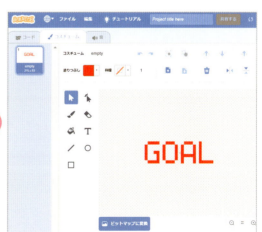

最後に作るのはゴールした時のコードだね。

ゴールには赤い色の矢印があるから使えそうだね。

とても良いアイデアが出てきました。では、この矢印の赤い色を使って「ゴールしたかどうか」を調べるコードを考えましょう。赤い矢印に触れてゴールするのは「誰」でしょう？ そう、プレイヤーですね。なので「赤い矢印に触れたかどうか」を調べるコードはプレイヤーに追加しましょう。プレイヤー（ソラくんあるく1）のスプライトをクリックして、プレイヤーのコードエリアに変わっていることを確認してください。

［イベント］グループの［🚩がクリックされたとき］と［せいぎょ］グループの［ずっとくりかえす］、［もし○なら］に、［しらべる］グループ［○いろにふれた］を組み合わせて下の図のようにコードを作ります。

ゲームが始まった時から「赤い色に触れたかどうか」を調べ続けないといけません。ですので、［🚩がクリックされたとき］の下には［ずっと］のブロックをくっつけます。ずっと続けないといけないのは「赤色に触れたかどうかを調べること」。ですので、壁をすり抜けできなくした時のように［もし○なら］と［○いろにふれた］のブロックを組み合わせます。［○いろにふれた］ブロックの色の部分をクリックしたら、スポイトのマークをクリックします。ステージにあるゴールの赤い矢印をクリックしましょう。

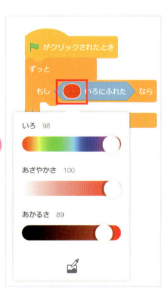

4 迷路脱出ゲームを作ろう

では、時はどんな時でしょう？ 無事ゴールした時ですね！

なので、このタイミングで「ゴールしたこと」を［（メッセージ1）をおくる］ブロックでゴールのスプライトに教えてあげましょう。［あたらしいメッセージ］、「GOAL」を作ります。そして、このメッセージを受け取るのが「GOAL」のスプライトです。

ゲームの完成！

ゴールのスプライトをクリックして、コードエリアがゴールのものに変わっていることを確認しましょう。ゲームが始まった時には、ゲームオーバーと同じように隠しておきましょう。

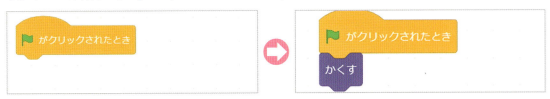

そして、メッセージ「GOAL」を受け取った時、「GOAL」の文字を表示します。ゴールした時もゲームは終了にしたいので、［せいぎょ］グループ［とめる（すべて）］を最後にくっつけます。さぁ、これで迷路脱出ゲームの完成です！

さっそく遊んでみよう！

ハチの数を増やしたら、もっとゲームが難しくなるね。

115

5 ハンバーガーゲームを作ろう

もっと複雑なゲームを作りたい！
プログラムにいろんなことをさせてみよう。

5-1 素材を用意しよう 119
5-2 ゲームのルール 122
5-3 ゲームのスタート 124
5-4 それぞれのボタンが押された時 134
5-5 ゲームの完成 144

覚えられること…
変数とリスト、演算ブロック

5 ハンバーガーゲームを作ろう

いろんなゲームがありますが、ゲームの中では「得点」や「時間」、「キャラクターの名前」……たくさんの「データ」が扱われていますね。今回は「変数」と「リスト」機能で、データを使ったゲームを作っていきましょう。

先生、Scratchで作ったゲームに得点をつけたいんだけど、どうしたらいいのかな？

ゲームには「得点」や「制限時間」、いろんな「データ」を扱うものがあるわ。こういったものを扱う時にScratchでは「変数」や「リスト」というブロックを使うのよ。

でも、この「変数」って何も入ってないよ？ どうやって使うの？

ちょっと今までより難しくなるけど、一緒に頑張って新しいゲームを作ってみましょう。

5-1 素材を用意しよう!

ハンバーガーの具材を用意しよう

まずは動画で、この章で作るゲームを確認しましょう。

📹 どうがでかくにん!

まずは「これから作るゲーム」がどんなゲームなのかを動画で確認しましょう。スプライトはいくつかな？ どんなことをするゲームなんだろう？ といったところに注目してみてください。

　まずはゲームで使う素材をScratchに用意します。ダウンロードした5章のフォルダ[Chapter5] → [そざい] フォルダを使用します。背景は [お店] を使います。

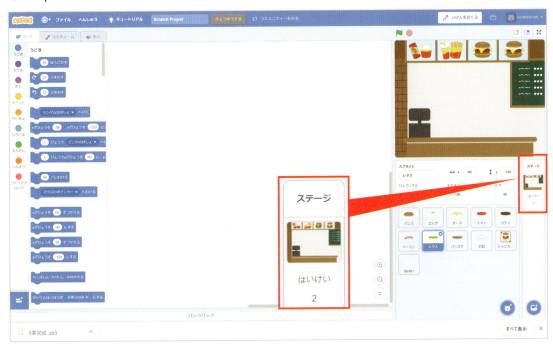

スプライトは［バンズ］、［レタス］、［パティ］、［エッグ］、［チーズ］、［トマト］、［ベーコン］、［バンズ下］、［お皿］、［レシピカード1］。ステージに反映されているのを確認しましょう。忘れ物はありませんか？

［レシピカード1］はコスチュームがほかに3つあるので、［スプライトのアップロード］で［レシピカード1］のスプライトをアップロードしたら［コスチューム］タブに切り替えて、コスチュームの追加をします。［レシピカード2］［レシピカード3］［レシピカード4］をコスチュームに追加します。

5 ハンバーガーゲームを作ろう

ボタンを作ろう

　［そざい］フォルダの中に［つくる］［かんせい］［やりなおし］のボタンのスプライトはありませんでした。今回ボタンは、［えがく］の機能を使って3つのボタンとなるスプライトを自分で描いていきます。［スプライトのついか］にマウスを合わせて、［えがく］を選びましょう。すると、スプライトリストに空っぽのスプライトが追加され、画面が［コスチューム］タブに切り替わります。この画面で、自分でボタンの絵を描いてスプライトにします。

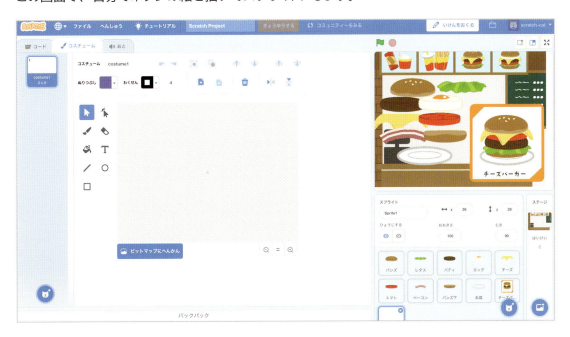

どうがでかくにん！

　ここでは［つくる］や［かんせい］のボタンの作り方を見ながら、今まであまり使わなかった［えがく］の機能の使い方を動画で確認しましょう。

　ちょっとしたコツなども紹介しています。

スプライトがたくさんだね。

ゲームのルールを確認してみよう。

5-2
ゲームのルール

ハンバーガーゲームのルールを確認

このゲームのルールをおおまかに書き出してみましょう。
「どんなゲームを作るのか」というのを最初に整理しておくことは大事です。

- 緑の旗をクリックした時にゲームスタート。
- 背景は「お店」。具材のスプライト、「やりなおし」「かんせい」ボタンは隠れてみえない。
- 「つくる」のボタンを押したら、それぞれのスプライトは決まった位置にスタンバイ。背景も変わる。この時「つくる」ボタンは隠れて見えなくなる。
- ハンバーガーの具材はクリックするとお皿の上に順番に重なっていく。
- レシピカードはゲームが始まるたびに4つのレシピカードからランダムに表示される。
- レシピカードと同じ順番でハンバーガーの具材を重ねていく。
- 「やりなおし」ボタンを押すと、具材が元の位置に戻って作り直しができる。
- 「かんせい」ボタンを押すと、レシピと同じようにできたかをチェックする。
- 同じようにできた時→「おいしかった！」と表示する。
- 間違えた順番で「かんせい」ボタンを押す→「レシピまちがってるよ」と表示する。

それぞれのスプライトや背景を整理してみよう

ルールが決まったら「どんな場面があって」「それぞれのスプライトや背景がどんなことをするのか」というのを書き出してみましょう。

	緑の旗がクリックされた時	「つくる」のボタンを押した時	このスプライトがクリックされた時	「やりなおし」が押された時	「かんせい」が押された時
背景	お店	あお	あお	あお	あお
バンズ	隠れる	表示する。決まった位置でスタンバイ	お皿の上に移動して順番に重なる	決まった位置に戻る	何もしない
レタス	隠れる	表示する。決まった位置でスタンバイ	お皿の上に移動して順番に重なる	決まった位置に戻る	何もしない
パティ	隠れる	表示する。決まった位置でスタンバイ	お皿の上に移動して順番に重なる	決まった位置に戻る	何もしない
エッグ	隠れる	表示する。決まった位置でスタンバイ	お皿の上に移動して順番に重なる	決まった位置に戻る	何もしない
チーズ	隠れる	表示する。決まった位置でスタンバイ	お皿の上に移動して順番に重なる	決まった位置に戻る	何もしない
トマト	隠れる	表示する。決まった位置でスタンバイ	お皿の上に移動して順番に重なる	決まった位置に戻る	何もしない

ベーコン	隠れる	表示する。決まった位置でスタンバイ	お皿の上に移動して順番に重なる	決まった位置に戻る	何もしない
バンズ下	隠れる	表示する。決まった位置でスタンバイ	何もしない	何もしない	何もしない
お皿	隠れる	表示する。決まった位置でスタンバイ	何もしない	何もしない	何もしない
レシピカード	ランダムに選ばれたレシピを表示する	小さくなってステージ右上に移動	何もしない	何もしない	何もしない
つくる	表示する	背景が「あお」になる。ハンバーガーの具材やボタンが表示される	背景が「あお」になる。ハンバーガーの具材やボタンが表示される	何もしない	何もしない
かんせい	隠れる	表示する。決まった位置でスタンバイ	レシピと作ったハンバーガーが同じ順番で重なっているかチェック	何もしない	レシピと作ったハンバーガーが同じ順番で重なっているかチェック
やりなおし	隠れる	表示する。決まった位置でスタンバイ	作りかけのハンバーガーが具材ごとのスタンバイ位置に戻る	作りかけのハンバーガーが具材ごとのスタンバイ位置に戻る	何もしない

　少し面倒に感じるかもしれませんが、整理することで「ここは簡単に作れそうだな」や「ここを実現するにはどうしたらいいのかな？」と「次に整理しなければいけないもの」が見つかると思います。

　緑の旗をクリックしてゲームをスタートした時には、ハンバーガーの具材は全部隠さないといけないのね。

　「つくる」のボタンを押した時には「背景」に合図を送らないとね。

　ふたりともスゴイ！　今まで作った作品の中にもヒントがたくさんあるわ。思い出してね。

POINT ◆表示して決まった位置でスタンバイするには？
今まで使ってきたブロックにヒントが隠されていますよ。
みんなも一緒に考えてみてくださいね。

5-3 ゲームのスタート

ゲームがスタートした時のコードを作っていこう!

整理したことをベースに実際にブロックを組み立ててコードを作っていきましょう。まずはゲームがスタートした時です。それぞれのスプライトが何をするのか確認しましょう。ハンバーガーの具材やお皿はみんな隠れていますね。

［かんせい］ボタンと［やりなおし］ボタンも隠れています。

スタートした時に見えている・隠れているスプライト

早速コードを作ってみましょう。隠れているスプライトのコードは、ひとつコードを作ったら、コピーして使うことができそうです。ゲームのスタートは［ 🚩 がクリックされたとき］ですね。ここではバンズのスプライトを例にしてコードを作ります。［イベント］グループ［ 🚩 がクリックされたとき］ブロック、［みため］グループ［かくす］ブロック。このコードを［つくる］ボタンと［レシピカード1］以外のスプライトにドラッグしてコピーしましょう。

バンズのコード

```
🚩 がクリックされたとき
かくす
```

「つくる」ボタンと「レシピカード1」以外のスプライトにコードをコピーする

［つくる］ボタンはゲームがスタートした時には表示されていますね。位置はマウスで移動して決めましょう。決まったら［イベント］グループ［ 🚩 がクリックされたとき］ブロック、［うごき］グループ［xざひょうを○、yざひょうを○にする］ブロックでつなぎます。［みため］グループ［ひょうじする］ブロックもつないでいきます。

「つくる」ボタンのコード

```
🚩 がクリックされたとき
xざひょうを 175 、yざひょうを -83 にする
ひょうじする
```

5 ハンバーガーゲームを作ろう

背景はゲームがスタートした時、［お店］の背景です。［イベント］グループ［がクリックされたとき］と［みため］グループから［はいけいを（お店）にする］をつなげます。

ランダムに「レシピカード」を表示するには？

ランダムな数って前にも出てきたよね。

迷路ゲームでハチさんが出てくるタイミングの時だね。

「乱数」よね。前は「〇秒待つ」にそのままセットして使うことができたけど、今回は「どうやってレシピカードのコスチューム」と「ランダムに選ばれた数」を結びつけられるかな？

「もし〇なら」のブロックに「〇から〇までのらんすう」のブロックを埋め込むことができません。「1～4の中からひとつを選んで、その数によって場合分けをする」ということができないのです。そこで登場するのが、データを入れる入れ物、「変数」です。

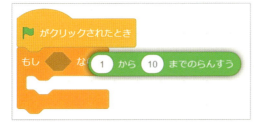 

かたちが違うので埋め込めない

「乱数」で選ばれた数を一度「入れ物」に入れて渡してあげるとうまくできるのよ。

入れ物？

それが、最初にお話した「変数」の役割なの。

でも、「変数」には何のブロックも入ってなかったよ？

「変数」はね、今までのブロックと違って自分で作らないと使えないの。じゃあ、今から「乱数」で作った数を入れておく「注文」の変数を作りながら使い方を見てみましょう。

125

今までとちょっと違うブロックが［へんすう］グループのブロックです。
「変数」はScratchに「何かを覚えていてもらう」ための「入れ物」です。この入れ物には「何かを覚えていてもらう」ひとつのグループしか入れておくことができません。なので、覚えていてほしいグループの数だけ変数は必要になります。

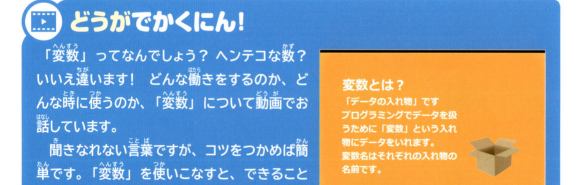

新しい変数［ちゅうもん］を作ってみましょう。［へんすう］グループ［へんすうをつくる］ボタンをクリックしましょう。

5 ハンバーガーゲームを作ろう

新しいメッセージを作る時のように、[あたらしいへんすうめい]を入力する画面が出てきます。「ちゅうもん」と入力しましょう。変数ブロックはこのように、自分で名前をつけて使えるようにします。それぞれ「覚えていてほしいもの」がわかるような名前をつけましょう。

入力したブロックが出てきた！

入力して覚えていてほしいグループを作るのね。

[🏁 がクリックされたとき]の下に[へんすう]グループ[（ちゅうもん）を（0）にする]をつなぎます。この数字の部分に[えんざん]グループから[（1）から（10）までのらんすう]のブロックを持っていきます。右側の（10）の数を（4）にして埋め込みます。すると、乱数で作った1から4の数が[ちゅうもん]の中にひとつ入ります。ステージにも変数の中が見える部品が追加されています。

ステージ上の緑の旗を何度かクリックし、「ちゅうもん」の中の数字が毎回変わることを確認しましょう。表示が邪魔な場合は✓を外すと非表示になります。

この「ちゅうもん」の中身によって「もし○なら」のブロックでコスチュームを振り分けたらいいのね。

もし、
変数「ちゅうもん」の数＝1なら→コスチュームをレシピカード1
　　　　　　　　　　　　　　　　（チーズバーガー）にする
変数「ちゅうもん」の数＝2なら→コスチュームをレシピカード2
　　　　　　　　　　　　　　　　（エッグバーガー）にする
変数「ちゅうもん」の数＝3なら→コスチュームをレシピカード3
　　　　　　　　　　　　　　　　（ベーコンチーズバーガー）にする
変数「ちゅうもん」の数＝4なら→コスチュームをレシピカード4
　　　　　　　　　　　　　　　　（ベーコンエッグチーズバーガー）にする

　というふうにするため、［せいぎょ］グループの［もし○なら］を使います。［えんざん］グループ［○＝（50）］の左に［へんすう］グループの［ちゅうもん］を埋め込み、右に1から4までの数を入れます。これを［もし○なら］の「もし」に埋め込みましょう。「なら」には［みため］グループの［コスチュームを（レシピカード1-costume1）にする］から対応したレシピカードの数にして埋め込みます。

　これを4つつなげると左のようになります。ステージ上の緑の旗を何度かクリックして、コスチュームが切り替わることを確認しましょう。これでレシピカードをランダムに表示することができるようになりました。

「レシピ」をScratchはどうやって確認するの？

先生、Scratchはどうしてレシピがわかるの？

それはね、レシピを最初に教えておくのよ。

「変数」は「ひとつのデータしか覚えられない」ので、具材の数だけ「変数」を作るのは大変ですね。また、ひとつの「ハンバーガー」によってレシピが変わるので「ハンバーガーごとに」扱えたほうが便利です。

そんな時に便利なのが変数の仲間「リスト」です。「リスト」には、作ったグループの中に「ひとつ以上のデータ」を入れることができるのです。

「レシピ」というリストを作ります。［へんすう］グループの［リストをつくる］をクリックしましょう。

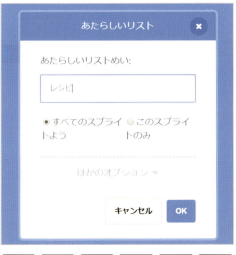

変数と違って、大きいね。

でも中身が何も入っていないね。

じゃあ、このリストにチーズバーガーのレシピがどんなふうに入っていくかを見てみましょう。

129

レシピカード1（ちゅうもん1＝チーズバーガー）

のブロックを5つ用意します。

[なにかをレシピについかする]の
「なにか」の部分に「レタス」

[なにかをレシピについかする]の
「なにか」の部分に「パティ」

[なにかをレシピについかする]の
「なにか」の部分に「トマト」

[なにかをレシピについかする]の
「なにか」の部分に「チーズ」

[なにかをレシピについかする]の
「なにか」の部分に「バンズ」

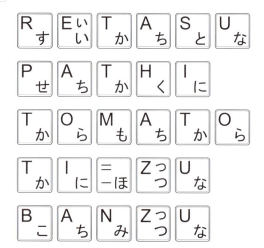

と入力します。できあがったブロックをつなげてクリック。

あ！ チーズバーガーの具材がレシピの中に入ったよ。

でもさ、重なっている具材の順番がレシピカードの絵と逆じゃない？

これはね、リストの上から順番にデータが入ってくるからわざと逆にしてあるの。

わざとなの？

ウフフ、この種明かしは後でね。まずは残りのハンバーガーのレシピのリストも作ってしまいましょう。ブロックの具材の順番はレシピカードの絵と逆にするのを忘れないでね。

5 ハンバーガーゲームを作ろう

レシピカード2（ちゅうもん2＝エッグバーガー）

　続いてエッグバーガーのレシピを作ります。エッグ以外はチーズバーガーと同じ具材なので、同じ具材はチーズバーガーのレシピのブロックを［ふくせい］しましょう。「エッグ」の部分は新しい具材ですので、［（なにか）をレシピについかする］の「なにか」の部分に「エッグ」と入力します。できあがったブロックを右のリストのようにつなげます。

［（チーズ）を（レシピ）についかする］以外のブロックを［ふくせい］

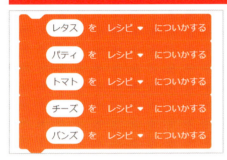
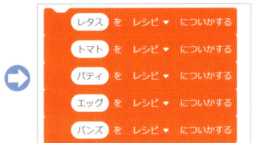

レシピカード3（ちゅうもん3＝ベーコンチーズバーガー）

　続いてベーコンチーズバーガーのレシピを作ります。できあがったブロックをつなげましょう。同じようにベーコン以外はこれまでに出てきた具材なので［ふくせい］したほうが簡単です。［（なにか）をレシピについかする］の「なにか」の部分に「ベーコン」と入力します。できあがったブロックを右のリストのようにつなげましょう。

［（トマト）を（レシピ）についかする］以外のブロックを［ふくせい］

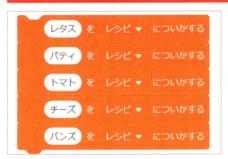

131

ベーコンエッグチーズバーガー（ちゅうもん4＝レシピカード4）

　最後はベーコンエッグチーズバーガーです。具材は一番多く7つあります。ただし、これまでに作った3つのハンバーガーの具材を組み合わせてできています。なので、新しく入力する必要はなくブロックの［ふくせい］だけでも「ベーコンエッグチーズバーガー」は作れそうです。

 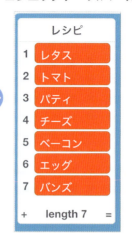

　このレシピを、メニューが決まったタイミング、レシピカードのコスチュームが決まったタイミングでレシピに教えてあげましょう。

メニューが決まった時にそれぞれのレシピがリストに入るんだね。

わ！　チーズバーガーのレシピのブロックとエッグバーガーのレシピを続けてクリックしちゃったからリストの中に全部入っちゃった！

　そういう時は「レシピのすべてをさくじょする」ってブロックをクリックしてみて。何度もゲームをプレイすると今みたいにリストに材料のデータがどんどん追加されるので、ゲームがスタートした時に「レシピのすべてをさくじょする」のブロックをつないでリストをキレイにしてあげてね。

132　**5** ハンバーガーゲームを作ろう

［ 🚩 がクリックされたとき］ブロック下に［（レシピ）のすべてをさくじょする］をつなぎ、それぞれのレシピカードのコスチュームに対応するレシピを［もし〇なら］のブロックの［コスチュームを（レシピカード）にする］の下に入れてあげましょう。これで、ゲームのスタート時のそれぞれのコードができました。

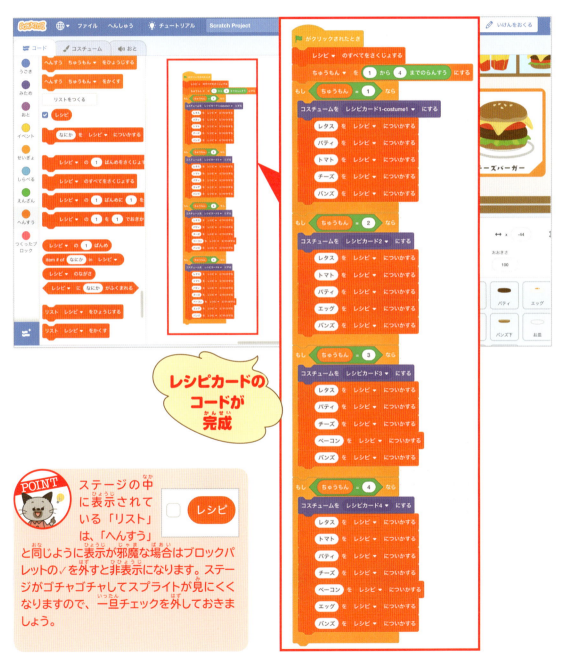

レシピカードの
コードが
完成

POINT
ステージの中に表示されている「リスト」は、「へんすう」と同じように表示が邪魔な場合はブロックパレットの✓を外すと非表示になります。ステージがゴチャゴチャしてスプライトが見にくくなりますので、一旦チェックを外しておきましょう。

5-4 それぞれのボタンが押された時

「つくる」ボタンのアクション

「つくる」のボタンを押した時のそれぞれのコードを考えていきましょう。

ハンバーガーの具材はここで登場するんだね。

「つくる」のメッセージを受け取った時を合図に動き出すスプライトがたくさんあったね。

　ゲームをスタートした時のコードには、今までとちょっと違ったブロックがたくさん出てきましたね。次は「つくる」ボタンをクリックした時のコードを考えていきましょう。「つくる」ボタンが押された時にはアクションするスプライトがたくさんありましたね。こんな時には、「メッセージを送るブロック」を使うことで一度にたくさんのスプライトに合図を送れます。

　［イベント］グループ［このスプライトがクリックされたとき］をきっかけにメッセージを送って、ほかのスプライトに合図を送りましょう。［（メッセージ1）をおくる］から、新しいメッセージ［つくる］を入力します。［（つくる）をおくる］のブロックを作り、つなぎましょう。

　つくるボタン自身は押されると同時に場面が変わって見えなくなるので、［みため］グループの［かくす］ブロックで隠れるようにしましょう。

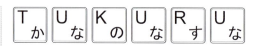

5 ハンバーガーゲームを作ろう

レシピカードは、「つくる」ボタンが押された時に「少しちいさくなってステージ右上に移動する」というアクションをします。[イベント] グループ [（つくる）をうけとったとき] と [みため] グループ [おおきさを (100) ％にする] のふたつのブロックをつなげましょう。(100) ％の数を (60) ％にします。コードを実行し小さくした状態で、マウスでステージ右上に移動します。この位置が「つくるボタンが押された時」の移動先になります。[うごき] グループ [xざひょうを○、yざひょうを○にする]（移動した座標にする）のブロックをつなげましょう。

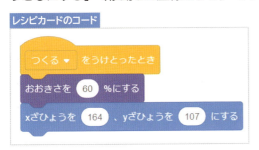

　このコードだけでは、次にゲームをスタートした時に場所も大きさもこのままです。それでは困るので、ゲームがスタートした時の状態に戻すコードを作る必要があります。スタートした時のレシピカードは「ステージの真ん中」に「元の大きさ」で表示されているので、[▶ がクリックされたとき] のブロックの下に [うごき] グループ [xざひょうを (0)、yざひょうを (0) にする]、[みため] グループ [おおきさを (100) ％にする] のブロックをつなげます。

　お皿は [つくる] を受け取った時、ステージの下に表示されます。左右の位置はステージの真ん中です。[イベント] グループ [（つくる）をうけとったとき]、[うごき] グループ [xざひょうを (0)、yざひょうを (-150) にする]、[みため] グループ [ひょうじする] をつなげます。

お皿のコード

つくる▼ をうけとったとき
xざひょうを 0 、yざひょうを -150 にする
ひょうじする

135

バンズ下のスプライトはお皿の上に移動します。なので左右の位置はお皿と同じくステージの真ん中です。イベントグループ［（つくる）をうけとったとき］、［うごき］グループ［xざひょうを（0）、yざひょうを（-137）にする］、［みため］グループ［ひょうじする］のブロックをつなげましょう。

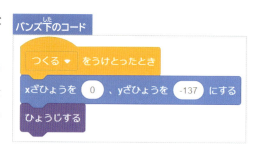

ハンバーガーの具材スプライトは、まずは［つくる］のメッセージが送られた時に移動する場所をマウスで並べましょう。画面の左に等間隔で並べます。

［イベント］グループ［（つくる）をうけとったとき］、［うごき］グループ［xざひょうを〇、yざひょうを〇にする］を使います。現在のそれぞれのスプライトの座標が反映されているので、そのまま下につなげます。［みため］グループの［ひょうじする］を最後につなげましょう。この作業をすべての具材スプライトにくりかえします。コードブロックをコピーする場合は、x座標とy座標はコピー元のもの（たとえばレタスのコードをエッグにコピーした場合、レタスのx座標とy座標のまま）なので、y座標の数を変更するのを忘れないようにしましょう。

5 ハンバーガーゲームを作ろう

「やりなおし」ボタンと「かんせい」ボタンもこのタイミングでステージに登場します。このふたつは、[つくる] ボタンを押した時のアクションは登場するだけです。マウスでスプライトを移動し位置を決めたら、[イベント] グループ [（つくる）をうけとったとき]、[うごき] グループ [xざひょうを〇、yざひょうを〇にする]、[みため] グループ [ひょうじする] のブロックをつなぎます。

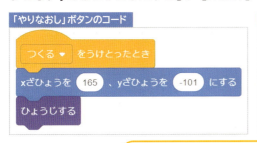

背景もこのタイミングで変わるよね。

メッセージを受け取ると、背景も切り替わります。背景は今回、自分で好きな色で塗りつぶします（ここでは青）。背景のコスチューム画面に切り替えて [はいけいをえらぶ] ボタンにマウスカーソルをあわせ [えがく] を選びます。画面を1色で塗りつぶす時は [ビットマップにへんかん] を選択します。バケツのアイコンを選び、[ぬりつぶし] の色を好きな色に変更したあと、背景を描く画面をクリックします。塗りつぶすことができました。背景のコスチューム名を「あお」に変更します。

[コード] タブに切り替えて、[イベント] グループ [（つくる）をうけとったとき] に [みため] グループ [はいけいを（お店）にする] を持っていき [はいけいを（あお）にする] にしてつなぎます。ここまでできたら、[つくる] のボタンを押した時に背景が青色に変わり、それぞれのスプライトが決まった位置に移動するか確認しましょう。

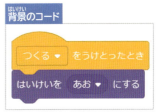

背景のコード

ハンバーガーを作るための仕組み

　スプライト自身がクリックされた時のそれぞれのスプライトの動きを考えましょう。ハンバーガーの具材はちょっとクセモノですね。「お皿の上に移動して順番に重なる」となっていますが、「どうやって順番に重ねていくか」というのをさらに整理して考える必要があります。

次は「それぞれのスプライトがクリックされた時」のことを考えていきましょう。

クリックされた時、座標を変えるのはわかるんだけど……うまく重ねる方法がわからないな。

そうね……自分が「何番目にクリックされたか」がわからないから、どの位置にいけばいいかわからないね。

「しらべる」グループの中にも「何番目にクリックされた」を調べるブロックなんてないもんね。

じゃあ、「変数」を使って、Scratchの中で「重ね順が何番目」かを覚えていてもらう仕組みを作るといいんじゃないかしら？

　[へんすう] グループの [へんすうをつくる] から [あたらしいへんすう] を作成し、「なんばんめ」と入力します。この「なんばんめ」はゲームの最初には必ず「1番目」から始めるために、ゲームのスタート時、つまり「緑の旗がクリックされた時」には「（なんばんめ）を（1）にする」ようにします。背景のコードの [ がクリックされたとき] のブロックの下につなげておきましょう。

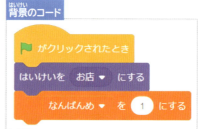

5　ハンバーガーゲームを作ろう

スプライト［レタス］でこの仕組みを考えます。［バンズ下］の上に一度マウスでレタスを移動し、キレイに重なって見える位置に配置、その時のy座標をメモしておきます。［バンズ下］のy座標と比べてみて、「どれぐらいの差があるか」を確認します（だいたいハンバーガーの具材は15ぐらい違うと思います）。この「15」がここでの重ねる時の具材同士の間隔になります。

　「自分が何番目にクリックされたか」を覚えていてくれる「へんすう」があれば、［バンズ下］の位置を基準に、ひとつの具材あたりの高さが何番目の分だけy座標を増やせば上手に重なるかわかりそうです。また、x座標はバンズ下と同じにしておくと、左右にズレることもなさそうです。

　このような動きを実現するには、［えんざん］グループから［○+○］と［○*○］を組み合わせていきます。「*」とはかけ算の「×」のことです。［このスプライトがクリックされたとき］の下に［xざひょうを（バンズ下のxざひょう）、yざひょうを（バンズ下のyざひょう＋（なんばんめ×15）にする］とブロックを埋め込み、つなぎます。これで、「具材をひとつ重ねる」という処理が終わります。次に重ねる具材は「2番目」になりますよね。このタイミングで「なんばんめを（1）ずつかえる」のブロックを入れて「なんばんめ」の数をひとつ増やします。

そして、「キレイに重なって見える」ためにもうひとつ必要なブロックがあります。それが［みため］グループの［（さいぜんめん）へいどうする］のブロックです。

［さいぜんめん ▼ へいどうする］

Scratchのスプライトはそれぞれ「シール」のようなものだと考えてください。シールは上からどんどん重ねて貼ってしまうと、下のシールは見えなくなってしまいます。今のハンバーガーの具材と同じように、スプライト同士にも「何番目に重なっているか」という順番があります。試しに、ハンバーガーの具材を一か所に集めてみましょう。重なって見えない具材、全部が見える具材と見え方が違います。見えない具材は「下のほうに貼ったシール」のような状態です。

そこで［（さいぜんめん）へいどうする］のブロックを下のようにつなげ、「一番上にシールを貼り直す」ということをします。上に重ねた具材で重なっていくことによって、キレイに重なってみえるようになります。このできあがったコードのブロックをほかの具材のスプライトにもコピーしましょう。コピーができたら、それぞれの具材のスプライトをクリックし、ハンバーガーの具材が順番に重なるのを確認しましょう。

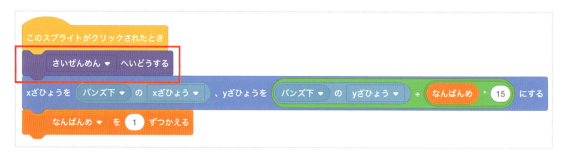

自分が作ったハンバーガーのリスト

わぁ！ ちゃんとハンバーガーが作れるようになったよ！！

仕組みを考える時はちょっと難しかったけど、きちんと動くとすごく嬉しいね。

もうひとつの仕組み「作ったハンバーガーがレシピとあっているか確認する」部分を考えていきましょう。

140　5 ハンバーガーゲームを作ろう

どうやって、自分が作ったハンバーガーがレシピと同じかどうか判断したらいいのでしょう？

さっきの「変数」の機能でそれぞれのハンバーガーのレシピを覚えておく「リスト」を用意したよね。

今度は自分が重ねていったハンバーガーの具材の順番を覚えておくための「リスト」を用意しましょう。

［へんすう］グループから新しい［リスト］を作ります。［あたらしいリストめい］に「バーガー」と入力します。

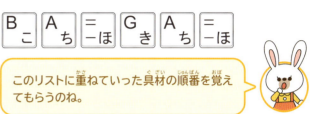

このリストに重ねていった具材の順番を覚えてもらうのね。

［レシピカード1］のスプライトから［ベーコンエッグチーズバーガー］に使われているレシピに追加する具材ブロックを［ふくせい］して、バラバラにします。バラバラにしたブロックはそれぞれの具材のスプライトにコピーします。

トマトを例にして見てみましょう。［（トマト）を（レシピ）についかする］のブロックがトマトのコードにコピーされていることを確認します。

具材がクリックされた時に具材のデータが追加されるのは［レシピ］ではなく［バーガー］のリストなので、［レシピ］の横の▼をクリックして、［バーガー］に変えるのを忘れないようにしてください。

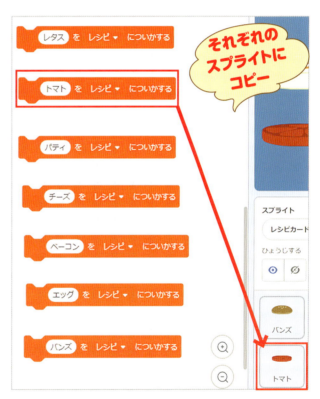

141

それぞれの具材のスプライトを確認してコピーができているか確認します。コピーができていれば、各具材のスプライトの［このスプライトがクリックされたとき］のブロックの［xざひょうを〇、yざひょうを〇にする］の下にくっつけます。この作業をほかのバーガーの具材のスプライトにもくりかえしましょう。コピーに使った［レシピカード］の［ベーコンエッグチーズバーガー］のバラバラにしたブロックは削除しましょう。

　そして最後に、リスト［バーガー］もゲームの最初には空っぽにしておかないと、どんどんクリックした具材が残ってしまうので背景のコードの［🚩がクリックされたとき］の下に［（バーガー）のすべてをさくじょする］のブロックをつなぎましょう。

　ここまでで、「このスプライトがクリックされた時」のコードが完成ね。

5 ハンバーガーゲームを作ろう

「やりなおし」ボタンのコード

「クリックする具材を間違えた！」という時に、毎回緑の旗をクリックしていると、そのたびに最初に出されるレシピは変わってしまいます。なので、具材を元に戻す「やりなおし」のボタンを作ります。この「やりなおし」ボタンが押された時、この時に元に戻したいのはハンバーガーの各具材を「つくる」ボタンを押した時と同じ位置です。なので、元の位置に戻すコードは「つくる」ボタンと同じものが使えそうです。［イベント］グループから［このスプライトがクリックされたとき］ブロックを「やりなおし」ボタンのコードに持っていきます。

［（つくる）をおくる］ブロックから新しいメッセージ「やりなおし」を作ります。［このスプライトがクリックされたとき］に［（バーガー）のすべてをさくじょする］と［（なんばんめ）を（1）にする］をつなげます。その下に作った［（やりなおし）をおくる］ブロックをつなげます。

 どうして「バーガーのすべてをさくじょする」と「なんばんめを1にする」が必要なの？

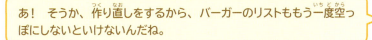 一番最初にレシピカードにレシピを教えた時を覚えてる？　あの時、違うレシピのブロックをクリックしたらどんどんレシピのリストに追加されたよね。

あ！　そうか、作り直しをするから、バーガーのリストももう一度空っぽにしないといけないんだね。

 「なんばんめ」も最初から作り直すから1に戻してあげないといけないね。

各ハンバーガーの具材スプライトは［（つくる）をうけとったとき］のコードを［ふくせい］して、一番上の「つくる」を［（やりなおし）をうけとったとき］にします。

これで「やりなおし」が押された時のコードが完成したね！

5-5 ゲームの完成

「かんせい」ボタンのコード

いよいよ「かんせい」ボタンをクリックする時までたどりつきました。

これで、「レシピ」と「バーガー」というふたつのリストができたわね、このふたつが同じかどうかを確認するにはどうしたらいいかな？

見て比べる？

Scratchの中で比べることができないかな？

144　5 ハンバーガーゲームを作ろう

ブロックパレットの「バーガー」と「レシピ」のふたつのリストにチェックを入れ、ステージに見える状態にして、緑の旗をクリックし、出てきたレシピ通りのハンバーガーを作ってみましょう。

ハンバーガーを作る時は下から順番に具材を重ねていくけど、リストは上から順番に追加されていくのね。

だから「レシピ」のリストもカードの絵と逆の順番にしてあったんだ！

あら、種明かしする前に気づいちゃった？　このふたつのリストを比べて、「レシピがあっているかどうか」を判定するコードを考えていきましょう。

　リストには1から順番に数字が振られています。インデックスと呼ばれる、それぞれのデータが入っている部屋番号のようなものです。

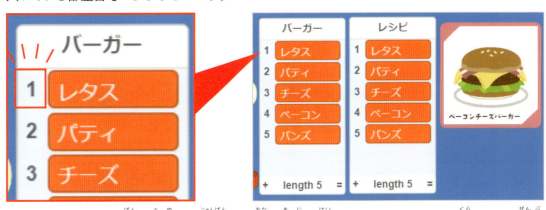

　ふたつのリストの1番の部屋から順番に「同じ文字が入っているかどうか」を比べて、「全部の部屋に同じ文字が入っている」→レシピが合っているので正解。「違う文字が入っている部屋がある」→レシピが間違っているので不正解。という手順で判定をします。なので、レシピの「部屋の数」の分だけ、ふたつのリストを順番に比べて「同じかどうか」を判断する、ということをくりかえします。そのために「今何番目の部屋を比べているか」を覚えておく「変数」と「いくつ間違えたか」を覚えておく「変数」を用意します。

「ここで、今何番目の部屋を比べているか」を覚えておく「変数」を作ります。[へんすう] グループの [へんすうをつくる] から [あたらしいへんすうめい] で「カウンタ」を作成します。

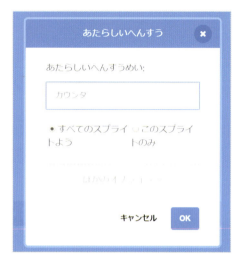

続いて「いくつ間違えたか」を覚えておく「変数」を作ります。同じように [あたらしいへんすうめい] で「まちがえたかず」を作成します。

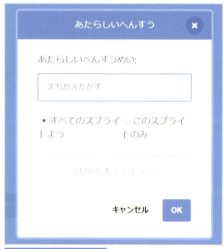

[このスプライトがクリックされたとき]、一番目の部屋から順番に比べるので [カウンタ] のブロックの数字を [(カウンタ) を (1) にする] に変更してつなぎます。間違えたかどうかはこれから調べるので、[(まちがえたかず) を (0) にする] にして空っぽにしましょう。

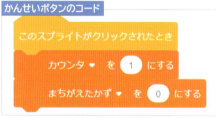

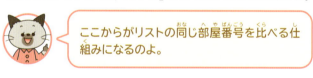

ここからがリストの同じ部屋番号を比べる仕組みになるのよ。

1の部屋から順番に「レシピリストの部屋の数だけくりかえし調べる」必要があります。レシピの部屋の数はレシピカードによって変わります。これを調べるのに便利なブロックが [へんすう] グループの [(リスト名) のながさ] というブロックです。このブロックは指定したリストの部屋の数を教えてくれるブロックです。例えば「チーズバーガー」なら「5」、「ベーコンエッグチーズバーガー」なら「7」というふうに、リストの部屋の数が毎回違っていても毎回調べてくれるブロックです。[せいぎょ] グループの [〇かいくりかえす] のブロックと、このブロックを組み合わせて、「リストの部屋の数が変わったとしても部屋の数だけくりかえす」という仕組みが作れます。

5 ハンバーガーゲームを作ろう

▶ どうがでかくにん!

　ここは文章だけではわかりにくいので動画で解説します。では何をくりかえすのか? それは「ふたつのリストの同じ部屋番号に『同じ文字が入っているかどうか』を比べる」という仕組みです。Scratchの[えんざん]グループ[○=○]ブロックは数だけでなく、左右に入っている文字が「同じかどうか?」も調べられます。ではふたつのリストの1番目の部屋が同じかどうかを比べるコードを見てみましょう。ここで[へんすう]グループ[カウンタ]と[せいぎょ]グループ[もし○ならば□でなければ△]の出番です。

```
このスプライトがクリックされたとき
カウンタ ▼ を 1 にする
まちがえたかず ▼ を 0 にする
レシピ ▼ のながさ かいくりかえす
  もし  レシピ ▼ の カウンタ ばんめ  =  バーガー ▼ の カウンタ ばんめ  なら
    カウンタ ▼ を 1 ずつかえる
  でなければ
    まちがえたかず ▼ を 1 ずつかえる
    カウンタ ▼ を 1 ずつかえる
```

　今、カウンタの数は1なので「もしレシピリストの1番目=バーガーリストの1番目なら」という意味になります。ここが同じならば[カウンタ]の数をひとつ増やして2番目の部屋を比べる準備をします。「でなければ」ということはふたつのリストの1番目の部屋が同じ文字でなかった場合、レシピが間違っているというふうに考えられるので、ここでもうひとつの変数[まちがえたかず]を使います。こうして[まちがえたかず]を変数で数えて、カウンタを増やして2番目の部屋を比べる準備をします。

　ふたつのリストの同じ部屋の中身が「同じ」か「違う」かによって、[もし]のブロックの中の通るところが変わります。そしてひとつ目の部屋を比べる作業がここで終わります。くりかえしブロックの先頭まで戻ってきますが、[カウンタ]の中身は[もし]の後どちらを通っても1ずつ増やすので「2」に変わっています。「もしレシピの2番目=バーガーの2番目なら」というふうに、比べる場所はふたつのリストの2番目の部屋ということになります。これをレシピの部屋の数だけくりかえすことによって、「全部の部屋のふたつのリストの同じ部屋に同じ文字が入っていたかどうか」を調べることができます。

そして、全部の部屋を調べ終わった後、「まちがえた数が0」の場合だけ「レシピが全部あっていた」ということなので、もうひとつ［もし○なら□でなければ△］ブロックを用意します。［もし］の部分に［えんざん］グループの［○=（50）］を用意し、左に［まちがえたかず］、右に「0」を入力し埋め込みます。［なら］の下には［みため］グループの［（こんにちは！）と（2）びょういう］ブロックを使い［（おいしかった）と（2）びょういう］と入力し、［（レシピのながさ）かいくりかえす］につなぎます。

それ以外はどこかでレシピを間違えているので［でなければ］の下に［（こんにちは！）と（2）びょういう］ブロックを使い［（レシピまちがってるよ）と（2）びょういう］とします。これで、「レシピと作ったハンバーガーが同じ順番で重なっているかチェックする」部分のコードが完成しました。緑の旗のマークをクリックして、思った通りに動くか確認してみましょう。

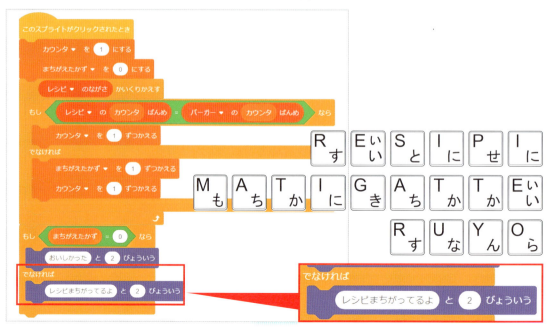

5 ハンバーガーゲームを作ろう

これでゲームが完成だね！！

最後に大事な作業が残っているわよ。

え〜？！

いろんな遊び方をして、「本当にちゃんと動くか確認する」ことよ。

わーい！！　いっぱい遊んでいいんだね。

あれれ、変だぞ？　思った通りに動かない

先生、あのゲームちゃんと動いてないかも……。

どうしたの？

えっとね……ベーコンエッグバーガーを作った時にね、バンズ乗せたあとに余ってるチーズをその上に乗せたんだけど、かんせいボタンを押したら「おいしかった」って言われちゃった。

そういうことってプログラミングしているとたくさんあるのよ。みんなが普段遊んでるゲームも作って、変なとこがあったら直してをくりかえしてからみんなの手元に届くのよ。

え？　そうなの？

だから大丈夫。ソラくんのゲームも直せばいいのよ！

なぜ、チーズを乗せても「おいしかった」となるのか？

　それは「レシピの長さの部分しか調べていない」からなのです。チーズを乗せるまでは「レシピが合っている」ので、その後に乗せられたチーズには「合っているかどうか」を判断していないのです。この場合［レシピ］と［バーガー］のふたつのリストの「部屋の数」、つまり「リストの長さ」が同じではない場合も「レシピまちがっているよ」と言うようにします。要するに、「まちがえた数が0」という時と「レシピの長さ」と「バーガーの長さ」が「同じ」時だけ、「おいしかった」と言うように変更すればいいのです。［えんざん］グループの［○＝（50）］をもうひとつ使い、下の画像のように組み合わせます。

　［（まちがえたかず）＝（0）」と［（レシピ）のながさ］＝［（バーガー）のながさ］ブロックを［えんざん］グループの［○かつ○］に埋め込みます。［（まちがえたかず）＝（0）かつ（レシピ）のながさ＝（バーガー）のながさ］というブロックができました。できあがったブロックを［もし○なら□でなければ△］の「もし」に埋め込みます。マウスをあてる位置に注意しましょう。ブロックが外れやすいです。

これで「まちがえた数=0」と、「レシピの長さ=バーガーの長さ」のふたつがあてはまる時だけ「おいしかった」と言うようになります。これで、最初に決めたルールを盛り込んだハンバーガーゲームの完成です！

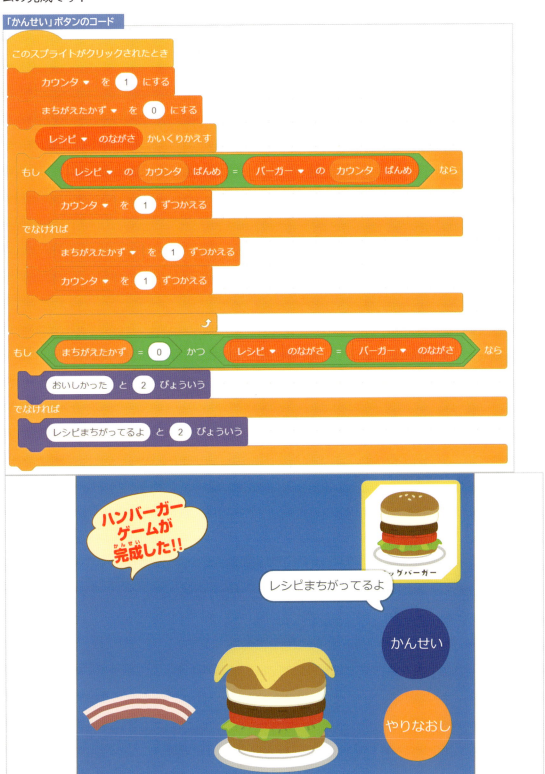

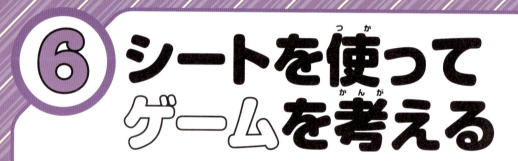

⑥ シートを使ってゲームを考える

「自分で考えたゲームを作る方法」を考えてみよう！

オリジナルのゲームを作るために..................................155

覚えられること…
これまでのおさらいでゲーム制作にチャレンジ！

6 シートを使ってゲームを考える

ここまでScratchでいろんなことを勉強してきましたが、最後に自分でオリジナルのゲームを考えてみましょう。自分でゲームを作るのは難しい？ プログラムでなにが必要なのかを考えて、これまでにやってきたことを組み合わせればきっとできるはずです！

アイデアはいっぱいあるけど、自分で考えたお話をどんなふうにScratchで作ったらいいか、うまくまとまらないわ

そんな時は「それぞれの背景やスプライトが」「どんなときに」「なにをするか」をちゃんと整理してみるといいよ。

ひとつひとつを小さな「できそうなこと」に分けていくんだね。

オリジナルのゲームを作るために

作品整理シートを書いてみよう

自分で「こんなゲームを作りたい」と思った時に、「どんなスプライトや背景が必要なのか」や「このタイミングでこんなコードが動くように」ということを整理して考えることが大切です。
これまでに作ったゲームを振り返りながら考えてみましょう。
まずはこれまでのプログラムや解説されている動画を見てみましょう！
その後、動画を見て発見したことや作りたいものを書いていこう。

Scratch プロジェクトシート

名前

まずは、自分が作りたいゲームがどんなゲームなのか考えてみよう。

ゲームの登場人物を書き出してみよう

ゲームに必要なスプライトはなんだろう？

ゲームに必要な背景を書き出してみよう

必要な変数はいくつあるかな？

どんな音が必要？

自分がどんなプログラムを作りたいか考えてみよう

スプライト ＿＿＿＿＿ の動き

[　　　　　] の時:　　　　　[　　　　　] の時:

スプライト ＿＿＿＿＿ の動き

[　　　　　] の時:　　　　　[　　　　　] の時:

スプライト ＿＿＿＿＿ の動き

[　　　　　] の時:　　　　　[　　　　　] の時:

スプライト ＿＿＿＿＿ の動き

[　　　　　] の時:　　　　　[　　　　　] の時:

気がついたことなどを書いていこう

おわりに

いきなり複雑なゲームなどのコードを考えるのは大変です。
そしてとても難しいことだと思います。
ですが、ゲームに必要な「背景」や「スプライト」は何だろう？
それぞれのスプライトが「どんな時に」「何をするのか」？
という小さな部分に分けて考えると、
「背景はひとつで大丈夫だな」ということがわかったり
「この動きをスプライトにさせるためにはどのブロックを組み合わせたらうまくいくだろう？」
といった「もっと小さな部分に分けて考える」
「自分の思う動きをさせる時にどんな方法があるかいろいろ試す」
ということができるようになります。
ひとつひとつの「？」を「できた！」に変えていくと、
最後にはひとつの大きな作品の「できた！」につながります。
今回はできあがったゲームをもとに考えましたが、
例えば4章には「音」や「変数」は出てきませんでした。
でも自分のゲームを作る時には必要になるかもしれません。
オリジナルのゲームやアニメーションなどの作品作りの時には、
ぜひ自分の中の「作りたいもの」をよーく観察して、
このページについている「作品整理シート」を参考にしながら、整理してみてください。
そうしたらきっと、自分が作りたい「作品」が必ず作れるようになります！

それでもうまくいかない時は？
1章で最初に作った「アカウント」が役にたちます。
Scratchは世界中のたくさんの人たちが楽しんでいます。
そして、たくさんの作品たちが「共有」というみんなが見られる形で公開されています。

その中には「自分が作りたい作品と似た作品」もあるかもしれません。
もっとすごい作品に出会うかもしれません。
ぜひいろんな作品を見てください。

158　6 シートを使ってゲームを考える

「中を見る」のボタンをクリックすると
「どんなコードブロックを使っているか」も見ることができます。
すばらしい作品を素直に「すばらしい！」と思う気持ちを持って、
まねっこするのもプログラミングでとても大事なことです。

そしていつか、読者のみんなが「自分の作品」を最初から最後まで作る
ことができる日が来ることを願ってやみません。
この本を通して「プログラミングっておもしろい」、
「もっとこんなものを作ってみたい」と思ってくれたら、
こんなにうれしいことはありません。

2018年12月21日　初版第1刷発行

著者	RYUAN
イラスト	マルオアキコ
アートディレクション	神永愛子（primary inc.,）
デザイン	松尾美恵子（primary inc.,）
DTP	primary inc.,
編集	吉川隆人
発行人	上原哲郎
発行所	株式会社ビー・エヌ・エヌ新社 〒150-0022 東京都渋谷区恵比寿南一丁目20番6号 fax : 03-5725-1511 e-mail : info@bnn.co.jp www.bnn.co.jp
印刷・製本	シナノ印刷株式会社

ISBN978-4-8025-1116-2
© 2018 RYUAN
Printed in Japan

● 本書の一部または全部について個人で使用するほかは、著作権上、株式会社ビー・エヌ・エヌ新社および著作権者の承諾を得ずに無断で複写・複製することは禁じられております。
● 本書の内容によるお問い合わせは弊社Webサイトから、またはお名前とご連絡先を明記のうえE-mailにてご連絡ください。
● 乱丁本・落丁本はお取り替えいたします。　● 定価はカバーに記載されております。